香蕴

师宝萍 著

化学工业出版社

·北京·

图书在版编目（CIP）数据

香蕴 / 师宝萍著. -- 北京 : 化学工业出版社，2025. 10. -- ISBN 978-7-122-48674-5

I. TQ65

中国国家版本馆CIP数据核字第2025W1U932号

责任编辑：郑叶琳
责任校对：田睿涵
装帧设计：溢思视觉设计 / 姚艺 E-mail: isstudio@126.com YaoYi

出版发行：化学工业出版社
（北京市东城区青年湖南街 13 号　邮政编码 100011）
印　　装：盛大（天津）印刷有限公司
710mm×1000mm　1/16　印张 $10^1/_4$　字数 151 千字
2026 年 1 月北京第 1 版第 1 次印刷

购书咨询：010-64518888　　售后服务：010-64518899
网　　址：http://www.cip.com.cn
凡购买本书，如有缺损质量问题，本社销售中心负责调换。

定　　价：68.00元

序

在这个快节奏的时代，我们或许已经习惯了用各种电子设备来记录和分享生活的点滴，但总有一些传统艺术和文化，它们以独特的方式，静静地流淌在历史的长河中，等待着我们去发现，去品味。由师宝萍老师倾力撰写的《香蕴》这本书，正是这样一份珍贵的文化瑰宝。

她从传统香文化探索者、传播者、践行者的专业角度，用散文的笔触作科普解析，让我们一窥香文化的深邃与博大，感受那份从古至今流传下来的灵气与韵味。

很高兴在本书付梓之际，受作者之托为该书作序。作为同在当代香领域耕耘的研发与传播者，更作为中医药院校香疗应用的推动者，深知中国传统香文化与香养生普及的重要性，乐意为香文化传播助一臂之力。

当我迫不及待地打开《香蕴》书稿，浓郁、丰富的“香味”扑面而来。

“香知”，带领我们走进汉字中的香，探索生活中的香事，以及文化中香的传承。香不仅仅是一种气味，更是一种文化符号，承载着历史的厚重与民族的记忆。

“香见”，让我们跟随神农的脚步，去识别那些自然界中的香气。从神农尝百草的故事，到熏炉中升起的养生香，香的多样性在这里得到了淋漓尽致的展现。

“香识”，深入探讨了香的分类与特性。无论是木本香的厚重，草本香的调和，还是花卉香的短暂，每一种香都有其独特的气韵和故事。

“香事”，将香与艺术生活紧密结合，无论是香艺、制香，还是香茗，香已经成为提升生活品质的重要元素。

“香品”，讨论了香的品质与人生的关系。香品如人品，品香即是品生活，每一种香品都代表了一种生活态度和人生哲学。

“香养”，将香与养生相结合，探讨了香在中医、美容、情绪调节等方面的应用，展现了香在促进身心健康方面的重要作用。

最后将视角转向当下，香的应用已浸润到各个领域，从田间到坊间，再到各行各业，香已经成为连接传统与现代、东方与世界的桥梁。

《香蕴》不仅是一本关于香的书，更是一本关于生活、文化、艺术和哲学的书。让我们在繁忙的生活中，找到了一片宁静的净土，让我们的心灵得到了净化和升华。愿每一位读者都能在这本书中，找到属于自己的那份馨香、那份宁静、那份智慧。

师宝萍老师以其深厚的学识和独到的见解，为我们打开了一扇通往传统香文化世界的大门。愿《香蕴》能够成为连接过去与未来、东方与世界的纽带，让更多的人了解和喜爱这份古老而又现代的文化瑰宝。

杨　明

于江西中医药大学中医香疗研究院

2025年5月

自序

香品人生

一甲子岁月，阅览人生风景；

千万次闻香，品读世间百态。

人生如香，香如人生。

香物从孕育生长到燃为灰烬，就像人的一生一世；人从出生成长到老去，亦如香的一世一生。

一株香草，承大地之味，得上天之气而生，从幼小到健壮，努力积攒着自身的香气，时刻汲取着阳光雨露，成为一株无病无害的香草。一朝被收割，又极力以各种方式释放着自身的香气，展示着自己的香韵，博得人类的喜欢，直到粉身碎骨化为一缕青烟、一撮灰烬，燃完自己，多么像芸芸众生和无名之辈平淡而努力的一生。

一朵香花，无论是报春的辛夷，还是傲霜的菊花，抑或是凌冬的蜡梅，都是在最娇艳含羞、待放未露蕊、香气最为完美时被采摘。它们把最美时段的香，献给识香、爱香、用香的人们，而自己失去了在自然界绽放，与蜂蝶共舞的机会。这好似把青春献给事业或家庭，忙碌得忘记了装扮，没时间休闲，没机会打扮得花枝招展的女子。

一段香木，从树苗到参天大树，十年、数十年、百年，或在贫瘠土地深深向下扎根，或在悬崖上被山岚扭曲了脊梁，或被虫蚀、斧砍、病菌感染，经过痛苦的蜕变，才成为一块上得了台面，登得起大雅之堂的名香。然后，努力表现自己的浑厚、灵动、智慧和悠长的香韵，去感动这世界并博得对它的喜爱。

像极了各行业的优秀人才，一路不懈努力，奋斗拼搏，置误解、打击于不顾，于创伤深处长出契机，在苦难时勉励自己“天将降大任于是人也”，苦练技能，终于得到赏识。于是，竭尽全力工作，以对得起自己的过往，担得起世人的尊重。

一味树脂香，从成年树木伤口流出的眼泪或血液，自带香气是为保护自身伤口以抵御病菌侵袭。凝结成香为人所用，释放着深沉而持久的韵味，似乎在诉说自己的悲欢离合。又如男儿有泪不轻弹，平日的积累与储藏，只为危难时刻的奋力拼搏和抵御。

一款和合香，每一味香都为了主旨而趋同存异，努力与其他香融合，在同一款和香里担任着主、辅、佐、使的角色，使主旨目标明确，香韵层次清晰，各香其香，香香与共。正如社会中的群体，有主次分工，又紧密协作，不同的社会角色发挥各自作用。和香不佳，如五味杂陈不能悦人悦心；人群不和，小则家庭，大及社会、国家、世界动荡。香和其性，如人和其德。和则美，和则平，和则人心所向，这正是和香带给人类的精神启示。

香性犹如人性，香品犹如人品。

笔者愿以浅薄之见，和你一起：

品香之本质本性本自然；

品人之香事香养香精神；

品生活之香气香蕴香情怀。

88即刻扫码
AI香道大师
微课传香知
荐读好书单
香友交流圈

目录

第五章　香品——香品即人品　品香品生活

第六章　香养——用香之道　养生为本

香蕴

第一章

香知——馨香袅袅 氤氲传世

汉字里的“香”

香，是呼吸之间那一缕诱人的气息。让你忍不住鼻翼翕动、吸气深长，去感知那不可名状而又急于表达的嗅觉。

香，是唇齿之间那一丝美妙的滋味。让你停不下口齿吮吸、细嚼慢品，去享用那记忆深处久违了的味道。

香，是得到天地间阳光雨露额外恩宠的一类物质，把芬芳贮存在体内，在人们需要时又无私释放。

香，是在礼敬天地、祈愿美好时那一缕缕升腾的烟霞，寄托着人们美好与神圣的期望。

香，是人们对修为境界和品行道德的美好评价。以香比德，香喻正气，是“明德惟馨”“兰心蕙质”“馨香远播”的赞美。

香，是……

说“香”云云，请探其源。

从“香”的字形，探寻香意。

汉字起源主要有四种造字法，为“象形”“指事”“形声”“会意”。象形字以事物的形状表达字义，如“日”“月”“田”；指事字以象征性符号或图形上加指示性符号表达字义，如“刃”“凶”“上、下”；形声字是由形旁和声旁合成表达字义和读音，如“淘”“萄”“掏”读音相同，形旁不同意思就不同；会意字由两个或多个独体字组合表达字义，如“解”由“刀”“牛”“角”组成，“用刀分解牛体”。

“香”篆体的写法为“”，上半部“黍”，由甲骨文中谷物成熟的象形字演变而来，黍是一种谷物——黍子的简称，成熟后脱粒成黄米，有黏性，可蒸糕或酿酒；下半部“甘”，由甲骨文中口含食物的意义而来，指口中味道甘甜、美好，上下结构组成，属造字法中的会意字。字义为：黍子米（谷物）在口、鼻中甘甜的气味。隶书以后精简笔画，将“黍”写作“禾”，“甘”字写作“日”，虽然方便了书写，但似乎失去了原来的意义。我辈权且理解为，禾类植物或草木被太阳炙烤时发出的淡淡的清香吧！

看词典对“香”的解释，来理解香意。

东汉许慎的《说文解字》解释为：香，芳也。从黍从甘。《春秋传》曰：黍稷馨香。这是对“香”最早的解释，告诉我们香是一种芬芳的气或味，如同黍子米煮熟的甘甜。

《辞海》解释“香”字：①本指谷类熟后的气味。引申为气味美好的通称。与“臭”相对。②有香味的原料或制成品。③吃得有味道或睡得很酣。④比喻受赞美或受欢迎。⑤旧时又用以形容女子的事物或作女子的代称。可见“香”的含义在本意基础上已得到延伸：睡得香，受欢迎，形容女子等。

《汉语大字典》解释“香”基本字义时增加：声色美；亲热；旧时秘密结社的宗派称号等含义。（《汉语大字典》三卷本，1995年版）

《现代汉语词典》增加一条：用木屑掺香料做成的细条，燃烧时，发出好闻的气味，在祭祀祖先或神佛时常用……（《现代汉语词典》第七版，2016年版）。

当代网络用语“这价格够香了”，又让“香”拓展了精神层面好的意义。

可见，“香”的内涵及外延随着历史发展和时代变迁，不断丰富扩展，如同其气韵不断飘扬传播，如同其滋味不断厚重沉淀。

“香”的一些近义词，把香气表达得更有层次。

“芳”，是香的近义词。《说文解字》解释为：“芳，香草也。”在词汇应用中可以比较出其与“香”的区别，“芳”单指植物或花草香，而“香”更加宽泛，也可指矿物香、动物香。当代“芳香”一词虽合并其意，但仍偏重“芳”的内涵。

“馨”，是香的近义词。“香之远闻者”（《说文解字》），“馨”，指香气传达得更远、更高。同时，多赞美品德之香、精神之香、技艺之香，更具人文含义。《尚书·君陈》有“黍稷非馨，明德惟馨”，刘禹锡的“斯是陋室，惟吾德馨”（《陋室铭》），也是例证。

“芬”“馥”“苾”等也是香的近义词，分别从不同的角度诠释香气的丰富多样。如同香物质的丰富，香家族的兴盛，香的含义也由其近义词协助表达得更加全面。

生活里的香事

闲来雅聚，于一古色古香、中式风格十足的空间里品茗、听琴，偶有主人招来一清雅舒朗的女子，莲步轻移，衣袂翩然地走向茶席前的香案，缓缓坐下、行礼、展示香具、侍弄香炉、添香、燃香，然后奉香给你品赏。你接过香炉，观袅袅馨烟，闻缕缕香芬，顿觉时间在这一刻停下，只等你慢慢享用嗅觉盛宴。“焚香引幽步，酌茗开净筵”（苏轼《端午遍游诸寺得禅字》），你已经在体验古代“香事”了。

当然，也许你被邀约去观赏了一场以香为主题的艺术表演。其中舞台、灯光、音乐、背景都很有设计感，内容与香的采集、炮制、和合、制作、品鉴有关，演出者用艺术的手段来表现香文化之美，香精神情操之高尚，香生活过程之情调，把你也深深带入到情景享受之中，有一种“初闻不知曲中意，再听已是曲中人”的感觉。这是在欣赏“香艺”，用艺术的手段展示香、传播香文化。

倘若是在大型活动前或节日庆典里，用香祈愿、祝福，仪式更加庄重，场面也相对宏大，有气氛渲染和礼敬规制，那就是“香仪”“香礼”了。

也许你会提前接到请柬：某年某月某日某人于某地邀您正装出席，将备几款名香、几味香茗，清赏、雅座。那一定是你已经知香、用香、懂香，有了香学涵养与修持，能诗文、会书法，与同道一起赴约。席间少不了闻香论道，品评好香佳茗，借香气启发妙笔生花一帖“香笺”，身心享受一次风雅。这是“香席”活动，仿宋代香事雅集。日式“香道”，也是由此演变而来。

或者是听一次香文化讲座，或者参加一次品香、鉴香活动，或者手作香囊、香珠、香牌、线香，在香气中滋养自己，在和乐中修养身心。

或者自己默默地打一炉篆香，做一炉隔火香，于静谧中安抚自己内心的浮躁与悸动，用馨香理气通络，减压祛躁。

“一炷烟中得意，九衢尘里偷闲。”（黄庭坚《子瞻继和复答二首（其一）》）约三五知己，闻一炷清香，聊几句闲话，偷得浮生半日闲，香助闲情、舒心快意。闻香品茗，香助茶韵更悠；闻香读书，香助思维更灵敏；闻香抚琴，曲中有香可绕梁；闻香助眠，减压放松好入梦；闻香养生，性、命双养更健康……

香事空间

文化里的香传承

历史悠悠千年，香文化传承“流芳百代”。

人们常用“传香火”来形容家族子嗣绵延；用“书香门第”来比喻家族诗礼传家的文化地位；用“德艺双馨”来赞扬一个人的德行和技艺的良好声誉；用“心香一瓣”来表达自己的诚心正念……众多的含香词汇及所表达的意义，既是香应用的延展，又是香文化传播的途径。当代的网络词汇里，“这价格很香啊！”“这样做难道不香吗？”又在不断拓展着“香”意，让这个世界充满香气。

不是吗？室外因“鸟语花香”而更有生机；室内有“翰墨飘香”更显文化气；会友能“品茗闻香”更加雅致；出行开“宝马香车”才有情调；睡觉可“香梦酣眠”最为舒心……你心中也一定还有不断涌出的香语吧？

是的，还有众多由香濡染过的诗词歌赋和文学作品，香远益清，耐人寻味。

最早的诗歌总集《诗经》里“彼采萧兮，一日不见，如三秋兮；彼采艾兮，一日不见，如三岁兮”（《王风·采葛》），以采集香草“萧”和“艾”渲染劳动之美，引出“一日三秋”千古流传的表达。《离骚》里，屈原以众多的“香草”来比兴托物，表达志向与美德，留下“扈江离与辟芷兮，纫秋兰以为佩”“览椒兰其若兹兮，又况揭车与江离”“被石兰兮带杜衡，折芳馨兮遗所思”等满含香气的诗句。

汉乐府诗“红罗复斗帐，四角垂香囊”（《孔雀东南飞》）传递着卧室用香之美，“博山炉中百和香，郁金苏合及都梁”（南朝吴均《行路难》）传递着丝绸之路的香气息。

唐诗中“八蚕茧绵小分炷，兽焰微红隔云母”（李商隐《烧香曲》）道出隔火熏香之美妙，“说法金殿里，焚香清禁中”（崔颢《赠怀一上人》）又显寺院用香之清净。

宋词中香味更浓，充满生活气息和情调。李清照有“沉香断续玉炉寒，伴我情怀如水”（《孤雁儿》）；苏轼有“旃檀婆律海外芬，西山老脐柏所薰”（《子由生日以檀香观音像及新合印香银篆盘为寿》)；晏殊有“兰堂风软，金炉香暖，新曲动帘帷”(《少年游》)……

元曲《西厢记》中王实甫安排“焚香拜月”情节一直伴随崔莺莺和张生的情感发展，在每一个关键情节出现时都在推动故事发展、升华。

明清小说里也不乏香气，《西游记》原原本本演绎着与“佛香”有关的前奏；《红楼梦》中姑娘们烹茶必须焚香，宝玉因一缕芳香踏入“太虚幻境”，婚礼上昏厥，是家人们“满屋里点起安息药香来”，才“定住他的神魂”，宝钗的“冷香丸”，现在还被不断传播并期望每年能收集到所用原料而复刻。

当代作家张爱玲的《沉香屑 · 第一炉香》，曾因这个名字和开头“请您寻出家传的霉绿斑斓的铜香炉，点上一炉沉香屑，听我说一支战前香港的故事，您这一炉沉香屑点完了，我的故事也该完了”，吸引了多少读者的目光。

当今，传承几千年的香文化正丰富着我们的语境。

笔者曾在一个“三八节”为杨澜女士的天下女人研究院做过《女人与香》的主题讲座。借用一个“香”字概括女人的一生：

女婴，在父母的期盼、家族的“传香火”中呱呱坠地。

女孩，在妈妈“宝贝，快来抹香香了”的叫声里知道了护肤和化妆，美美地成长着。

少女，在刚刚怀春时，被心仪的男孩“香了一口”，就不由自主地脸热心跳……

淑女，在择婿待嫁时，被哪个帅哥“闻香识女人”相中，而自己也认定了这位“檀郎”，开始谈婚论嫁。

女人，在婚礼中燃香行礼(“行香礼”)祈福、婚誓，喜结连理，嫁为人妇。

夫人，在“吃香喝辣”的日子里被宠得“香温玉软”，出落得“国色天香”。然后又十月怀胎“传香火”，又喊儿女“抹香香”。

妇人，在“一炷烟消火冷，半生身老心闲”(苏轼《和黄鲁直烧香二首(其二)》)时，人老珠黄最难将息，担心哪日健康不在，那曾经的“香腮”“香颈”“香肩”“香勾”(脚)都“红消香断无人怜”。

待女人谢世，便是“香消玉殒”“一抔净土掩香魂”了。

有人说，濡染了香氛的文化能沁人心脾。那么带有香味的文字更耐人寻味，我信。

竹间焚香图　宋 · 佚名，作者拍摄于故宫“林下风雅”展

第二章 香见——神农百草 其香始升

神农尝百草而识香

亘古洪荒，原始人类用羸弱的生命与大自然抗争着，生存着。

香花毒草遍地丛生，良莠不分，谁人何时识得第一株香草？没有记载，只有传说。

那就是神农氏尝百草的传说。

三皇之一的神农（炎帝），“尝百草之滋味，水泉之甘苦，令民知所避就，当此之时，一日而遇七十毒”（《淮南子·修务训》）。后世医家认为“得药而解之”，茶人认为“得茶而解之”，香家当然认为他“香花毒草分得清”。不然，那个蛮荒时代，拿什么自救呢?

《汉书》补注中有：神农之所以能获得各种药物的主治功能，是因为他拿了一根“赭鞭”，走遍“五岳四渎”，凡是“土地所生”的药草，他都一一地“鞭问之”“得其主治”。以此来看，神农氏无论通过亲尝百草还是赭鞭询问，总之是最早认识了“本草”中的香与药及其功用。

神农氏还设立“腊祭之礼”，腊月（腊八）年终祭百神。这是祭祀的开始，最早的“燎祭”，燔柴祭天就是用香木、香柴、香酒（郁金酿成的鬯酒）祭祀。唐代司马贞所撰的《史记·补三皇本纪》记载：“神农氏于是作蜡祭，以赭鞭鞭草木，始尝百草，始有医药。”

丁谓《天香传》开篇“香之为用，从上古矣！所以奉神明，可以达蠲洁”，指出香从上古时期就开始使用，用途是祭祀和避秽清洁。春秋战国时期插香草、佩香囊、熏香驱虫、香汤沐浴等逐渐兴起，防病、治病、强体等广泛应用，都应是传承神农尝百草而识香的结果。

我国现存最早的成书于东汉的中药著作《神农本草经》，就是对神农氏的假托和定位。书中记载草药（本草）365种，其中10%是含有香气的植物或与香有关。后世本草类典籍，也是以此典籍为基础增加。香、药同源，由此而发展。

神农氏还发明耒耜，耕种五谷，五谷生香，颐养黎民。神农氏制造陶器，蒸煮熬药。

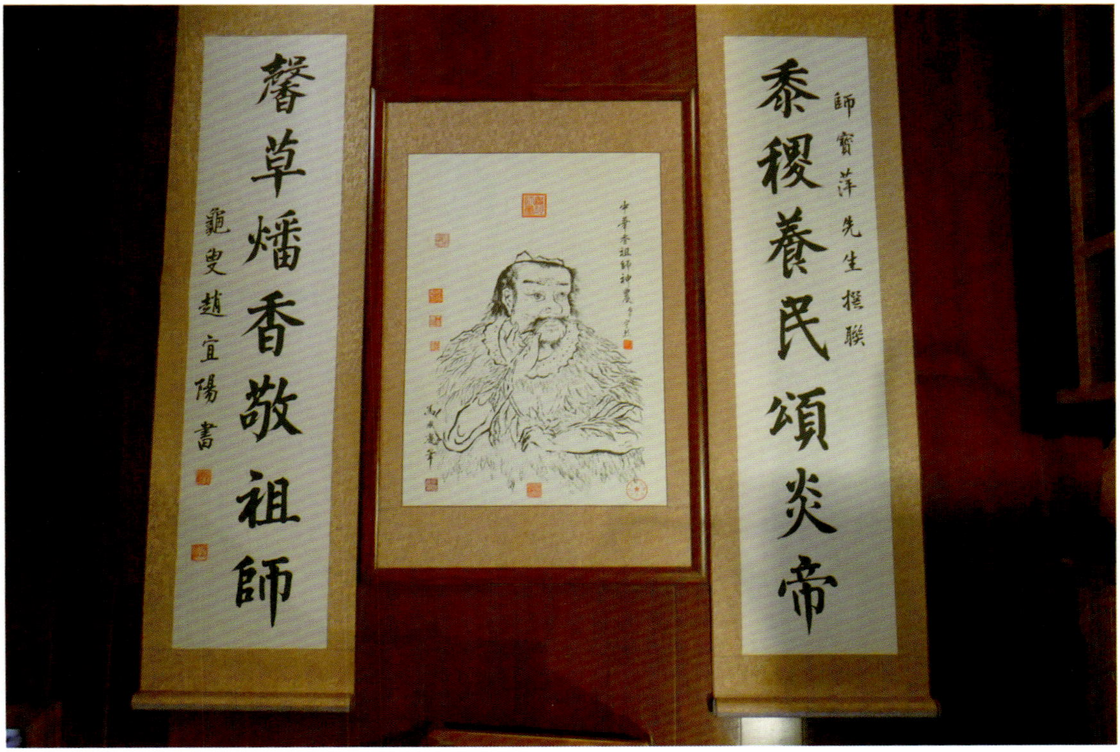

神农香祖师图及对联

这一切都证实“神农氏”是“香”物质的发现者；是“香”礼仪的设立者；是“香”传于后世的开创者。无论后世认为“神农氏”是一族人还是一个人，是三皇之一炎帝，还是民族推崇的神人，都应该奉为“香祖师”。

给天地日月星辰的第一缕香

人类发明了用火时，就开始用香了。那么何时有了第一缕香？这第一缕香是怎样的？何人在享用呢？

据考证，人间第一缕香是献给天地和日月星辰的礼物。

考古发现，约在公元前5000至公元前2000年之间，新石器时代晚期和末期的东北“红山文化”、西北“齐家文化”、安徽“凌家滩文化”、东南部“崧泽文化”、“良渚文化”、湖南“城头山大溪文化”等，均发现有祭坛。在东山嘴祭坛发现了大片红烧土、灰土、动物烧骨等燎祭遗存物，这些祭坛，是史前文明后期的一种普遍现象。

《说文解字》注：“墰，祭墰场也，从土亶声。”祭坛，是古代祭祀的场地，祭祀对象天、地、神鬼。“祭”与“祀”各有所指，祭指地祇，祀指天神。即：祀天、祭地。《周礼正义》中这样记载：“天神云祀，地祇云祭，人鬼云享”，敬天神叫作“祀”，敬地神叫作“祭”，敬人鬼叫作“享”。

那么，用什么物品来祀天呢？“以禋（yīn）祀祀昊天上帝，以实柴祀日、月、星、辰”（《周礼·春官·大宗伯》），祀天帝用“禋祀”，祀日月星辰用“实柴”。“禋祀”，即“烟祀”，用燔柴升烟，再加牲体或玉帛于柴上焚烧，让烟形和香气升腾通天；祭祀日月星辰用“实柴”，也指燔柴。这种祭祀方式就是“燎祭”。据考证，那时所用燔柴多为松木、柏木、栎木这些燃烧时间长、烟气高升且好闻的木柴。

彼时的先民们正是用这一方式，让馨烟传递他们的敬畏和祈愿。用这一方式让天帝享用他们的供奉，从而为他们降福避难。因为他们羸弱的体格不能够抗拒恶劣的天气，不能够抵御叵测的大自然。只有祈求上苍，敬畏天地，与天地对话，向日月星辰诉说。而被认为能通达天地日月的只有这能够升腾且香气四溢的燔柴。

当馨烟升起那一刻，我们仿佛能看到先民们五体投地念念有词，看到先民们载歌载舞，听到苍凉而悲壮的唱诵和呼号。他们的坦诚和敬畏，他们的祈求和愿望，都将借升腾不息的香烟，源源不断地升腾着，传达着。

楚地的先民就是这样表达的：“吉日兮辰良，穆将愉兮上皇；抚长剑兮玉珥，璆锵鸣兮琳琅。瑶席兮玉瑱，盍将把兮琼芳；蕙肴蒸兮兰藉，奠桂酒兮椒浆。扬枹兮拊鼓，疏缓节兮安歌，陈竽瑟兮浩倡。灵偃蹇兮姣服，芳菲菲兮满堂；五音纷兮繁会，君欣欣兮乐康。”（《楚辞·九歌·东皇太一》）是说：挑选个良辰吉日，恭敬而愉快地恭请上皇。巫者双手抚摸着用玉石做珥的宝剑，宝剑琳琅的玉饰发出叮当的声音。他们用华美的器物表达对天神的崇敬。用玉镇席，用兰草铺垫，用蕙草包着佳肴，酒桂酒椒浆，用美味以表恭敬。然后，在鼓乐、竽、瑟等五音伴奏下，在满堂芬芳四溢的环境中，天帝欣然接受。这里提到的“兰”“蕙”“桂”“椒”都是古代最早出现和使用的香料，是它们让环境满堂芳芬，感动上帝。

《诗经·大雅·生民》为这一用香形式作了记录：“……其香始升。上帝居歆，胡臭（xiù）亶时。后稷肇祀……”香烟开始上升时，是为上帝所享用的，为什么香气那么好呢？后稷祭祀天神，祈求上天永远赐福，上帝感念其德行业绩，不断保佑他并将福泽延及到他的子子孙孙。古人称这时的香气为“臭”，指气味或香气。例：“同心之言，其臭如兰”（《易·系辞上》）。

先民们用升烟颂香的方式祭得风调雨顺，天地祥瑞，便沿用此祭祀继续感谢上苍；若又遇天晦地暗，灾难频繁，便又用此方式祈福避难。循环往复，形成历代用香祭祀、祈愿的习俗，从平民到帝王无不使用，一直沿用至今，成为主要用香方式之一。

国家非遗.热贡六月会庆丰收娱神

从古陶炉里熏出的养生香

先民们早期用香除了燎祭之外，也开始了生活用香。

生活用香是在先民们生活较为稳固和部落化，陶器已经普遍使用的时候才有可能出现的。

1981年，在辽宁朝阳牛河梁女神庙的红山文化遗址出土一件陶制熏炉残片，据考证距今5000年以上。该器物为细泥红陶质，形制似一倒置的豆。上部为喇叭状柄中空，高8.4厘米，直径11.7厘米。下部为盖体，外折肩又内收再外敞，形成盖口，盖高8.6厘米，口径23厘米。

红山文化出土灰陶炉残盖

1960年，山东潍坊姚官庄龙山文化遗址出土一件蒙古包形灰陶熏炉，据考证距今已有4000多年。它是夹细砂的灰陶器，顶部开圆孔，炉身遍布各种形状的镂孔，有圆形、椭圆形、半月形等，高17厘米，腹径14厘米。

龙山文化出土蒙古包形熏炉

1982年左右，上海青浦福泉山良渚文化遗址出土一件竹节纹灰陶熏炉，据考证距今4000多年。器形呈笠形，斜直腹，矮圈足，腹外壁饰有6圈竹节形凸棱纹，炉盖捉手四周有18个镂孔，3孔一组，共6组，炉身高11厘米，口径9.9厘米（略小于底径）。

良渚文化出土竹节纹灰陶熏炉

三例考古出土的陶熏炉，与之后出现的熏香器皿形制相仿。

良渚文化时期竹节纹灰陶熏炉是我国新石器考古中最完整的熏香器具，现存于上海青浦博物馆。从器形大小可以推断，这种带盖熏炉已是用于生活的熏香器具。可见良渚先民在炉内燃烧香草、香木，香气从盖上的3组18个孔散出，起到熏香净室、驱蚊虫、祛病强身的作用。山东潍坊龙山文化遗址出土的蒙古包形灰陶熏炉，从高度和腹径只有十几公分，顶部和全身有孔，也可见不是仅在室外大型燎祭用的。在此之前的红山文化期陶炉残片，虽不如此炉完整规范，但也足以证明先民从那时已开始熏香了。

室内熏香的第一作用是用香净化空间，改善室内环境。其次就是防病祛病，健康身体。如同在室内点蚊香驱蚊，在卫生间放香芬遮盖异味清新空气，在厅堂燃香净化空间等。想必在红山文化、良渚文化时期，遍野蛮荒，蚊虫、蝼蚁众多，先民羸弱的身体又没有其他好的保护措施，室内熏香草驱赶害虫，保护身体，一定是一个不错的选择。同时也可以想到，在灰陶数量有限，熏炉更是屈指可数的情况下，这种熏香防虫方式，也只有当时的部落首领方能享用。

遥想当时有限的几个部落首领，在低矮的茅草棚子里，或由木头搭建的并不严实的房子里，土台上放着这样的灰陶熏炉，熏炉体上的孔洞里呼呼往外冒着浓烟，一群衣不蔽体的先民们正围在首领身边汇报今日捕到几条鱼，打到几只野猪，或许正载歌载舞庆贺呢！房子里熏的香烟和气味，驱散了叮咬身体的蚊虫。

炉里熏燃的可能是艾草、香茅、萧、柏枝等。因为中国古代最早记载的香草：兰（泽兰）、蕙（蕙草）、茅（香茅）、萧（黄蒿）、艾（艾草）、桂（桂树）、芷（白芷）、柏（柏树）等，都频繁出现在《诗经》《楚辞》的诗歌里。用来熏燃的香草一定是可以驱蚊虫、清洁空间、遮盖异味、祈福吉祥的。

古老的熏草在古老的陶炉里，慢慢熏燃着，保护着祖先们的健康，也熏染出芳香养生的最初状态。

第三章 香识——气韵芳华 各具其性

如果你喜欢香，就请随我步入一个庞大的芳香物质世界。

芳香世界会以不同的香姿态、香气味、香气质、香性情、香品位以及其存在价值和演变趋向吸引着你的视线和思想。如同走进一个家族去认识每一位成员的性格、身份、地位一样，然后接近他们，和他们交朋友。

喜香避秽是世人共同的爱好

五千年前，当中国的先民们焚烧香木燔柴祭天的时候，古埃及人也在熏乳香、没药敬太阳神；当先民们用陶炉熏香草驱赶蚊虫的时候，古印度人也在用檀香、肉桂、芫荽等来治疗身体；当明代皇帝制造宣德铜香炉的时候，匈牙利和德国的香水已经在贵族中普遍使用。

喜香爱香，避秽祛疾，并非一时一地或某个群体。世界用香的历史告诉我们，香是人类共同的爱好，香料是全世界共同的财富。人类自古就把香料当作一种美好而神秘的物质，不仅用于饮食调味，还用于医药、美容美体、修炼养生等。

据史料记载在公元前3500年左右古埃及人就开始使用香料，用芳香植物浸泡或熬制出香油和香膏，涂抹身体。“埃及艳后”克利奥帕特拉七世经常用十多种不同气味的香水和香油沐浴，然后涂香、喷香水，不惜征集全国的香草打造一个香草花园供自己做香膏。她喜爱用玫瑰、薰衣草等香薰浸浴保养皮肤，在房间内洒满玫瑰及依兰油。埃及木乃伊也是用香药浸泡衣物或涂抹身体来做防腐处理的。后来，古埃及用香传到古罗马和古希腊，成为欧洲贵族的最爱。

古印度人用香的历史甚至比中国还要早。在公元前15—公元前10世纪的诗歌集《梨俱吠陀本集》的“森林篇”中，有关于用香的记载，歌颂兽类的母亲森林女“有油膏香气，散发芬芳”。印度最初香料主要用于宗教仪式和贵族的嗜好品，祭坛上为增加庄严肃穆的气氛要供奉新鲜香花和焚烧香料熏香。熏香中使用的香料主要是安息香，此外也有白檀以及肉桂、广藿香、甘松香、乳香等。檀香、沉香在印度应用也很广泛，在古印度史诗《摩诃婆罗多》中，多处提到使用檀香和沉香的隆重场景：黑公主举行选婿大典时，“场内处处张着五色缤纷的凉篷……上等沉香木焚烧着，香烟缭绕.....”；国王的葬礼上，“他们在般度的遗体上洒下各种香水，涂上纯净的黑檀香膏，用最好的香汤沐浴，用黄金制的罐子迅速地淋洒圣水。他们给般度涂上头等的洁白的旃檀香，又将莲花花蕊的汁液与黑沉香混合，涂抹他的遗体......”同时，香料在印度也是治疗疾病的药材。阿育吠陀用药疗愈，多用芳香植物。

中世纪的欧洲，香料是只有宫廷贵族才能使用的奢侈品，贵族迷恋由香气带来的梦幻和神秘感，把香料视如黄金和珠宝一样珍贵，以至于成为大航海时期扩张殖民地的推动因素之一。葡萄牙航海家瓦斯科·达·伽马发现通往印度的海路，打破了阿拉伯人垄断香料贸易的局面；西班牙航海家克里斯托弗·哥伦布发现新大陆为西班牙带来新财富，也为欧洲大陆带来了新香料资源；荷兰在印度、印度尼西亚群岛建立殖民地，也是为了垄断香料贸易。

中国的丝绸之路也是同世界交往的香料贸易之路，那些用丝绸、用瓷器、用粮食从西域和东南亚换来的香料也丰富和提升了我国本土原有的草木香。

世界香料的起源与贸易交流标志着香料这一芳香植物被世界人民重视的程度和价值。

世界各个地区，由于地理位置、人文历史、民族习惯、工业革命进程等差别，用香的方式也有不同。例如：东南亚区域以饮食调味用香、医疗用香等为重要方式；中东阿拉伯地区以豪放的熏燃脂类香、沉香等来熏衣、熏空间；欧洲是以提取和制造香精、精油、高端香水闻名于世；日本则是以精致典雅的香道仪式追求闻香带来的精神享受。

当代世界各地用香也呈现着交流与融合状态，东方不拒绝西方的香水与精油，借鉴着欧洲的芳香疗法，西方也在学习东方富有仪式感的用香方法。人们以香为媒介借嗅觉沟通和交往着，在香氛面前只有美妙享受，不分贵贱高低，让香氛带来更多喜悦。

一带一路交流香药

香材丰富多样　分类有条不紊

香物质并不神秘，它不会躲得远远的让你寻寻觅觅，也不会虚无缥缈得如一缕青烟让你难以琢磨。许多香就在你身边眼前。看看你的阳台和你的小院，有没有玫瑰绽放、薄荷飘香；找一找你家厨房，一定有花椒、茴香、肉桂；再问问中药铺子的药柜，有没有川芎、细辛、藿香……还有女同事今天戴着的蜜蜡、琥珀、朱砂，男同事手腕上那显赫的沉香手串……只要你留意，香，就在你身边。即使你不留意，香也默默地香着，等着她的有缘人。

香的家族很庞大，庞大到植物界、动物界、矿物界都有，庞大到全球的各个区域都存在。香物质很丰富，从古老物种到当代创新品种不断增加，香产品从熏闻、佩戴到涂敷、喷洒、洗护，甚至到精神享受都可以用到。

香物质又有其复杂性，按香材、香药、香料使用时各有侧重。在传统香应用领域习惯称“香材”——制作香品的材料；在香药养生疗疾应用时称“香药”——制作香药用的芳香性药材；在饮食调味使用角度叫“香料”——制作饮食用的辛香料。可能是同一种物质，只是不同的用法侧重点不同，归类方法也有区别。下面列举几种常见的分法供了解和记忆。

按芳香物质来源的自然属性可分为：植物香、动物香、矿物香，每个分类又有较细划分，如下表：

- 天然香材
  - 矿物香
    - 如：雄黄、朱砂、琥珀等
  - 动物香
    - 如：麝香、龙涎香、灵猫香、甲香等
  - 植物香
    - 木本类
      如：沉香、檀香、降真香、柏木香等
    - 草本类
      如：藿香、零陵香、佩兰、香附子等
    - 花卉类
      如：白梅、玫瑰、木樨、辛夷等
    - 树脂类
      如：乳香、安息香、冰片、没药等
    - 果、皮类
      如：陈皮、豆蔻、茴香、柏铃等

中国传统和香对于香药香材的辨识应用，多采用自然属性的分类方法。因为香材的自然属性与香气的形成和释放有关，天然香材的香气浓淡和留香时间长短与材质有关。花香、草香、脂香、木香在传统制香中所担负的角色和地位也与自然属性相关。同时，按这种分类方法也比较容易对比掌握香性。

称药

香、药同源，大多数香材本身就是一味中药，并且起到疗疾治病的作用，具有发散、行气、活血、化瘀、祛湿、开窍、安神等功效。所以，在中医药领域又有一种分类方法。

根据香药的药性和治疗功能作用，可分为十二大类：

芳香解表药：桂枝、紫苏、白芷、细辛、蒿本、辛夷、生姜、薄荷、菊花等；

芳香理肺药：前胡、介子、紫菀、款冬花、枇杷叶等；

芳香祛风药：独活、防己、香加皮等；

芳香清热药：金银花、茵陈、青蒿等；

芳香理气药：沉香、檀香、木香、香附、陈皮、甘松、玫瑰、梅花等；

芳香除湿药：广藿香、佩兰、苍术、豆蔻等；

芳香温里药：干姜、肉桂、小茴香、花椒、丁香、山奈等；

芳香止血药：侧柏叶、槐花、降真、艾叶等；

芳香活血药：川芎、郁金、姜黄、乳香、没药、泽兰、九里香等；

芳香开窍药：麝香、冰片、苏合香、石菖蒲、安息香、龙脑（左旋）等；

芳香扶正药：白术、当归、巴戟天、淫羊藿等；

芳香杀虫药：大蒜、榧子等。

这种分类方法，便于了解香药的药性及中药配伍。但其药性并不同于香性，给药与施香渠道不同，药走消化系统，香走呼吸系统。吃药用的是水溶性成分，闻香用的是气溶性（挥发性）成分。有些功能相同、相近、相似，有些不同或相反。使用时需斟酌分辨。

当代芳香精油、香精调配趋向的分类方法是按花香与非花香分法。

中国习惯上把香气分为花香和非花香。花香分正香韵和双香韵，清甜、甜、甜鲜、鲜幽、幽、幽清、清。

非花香有12种分类，分别是青滋香、草香、木香、蜜甜香、脂蜡香、膏香、琥珀香、动物香、辛香、豆香、果香、酒香。

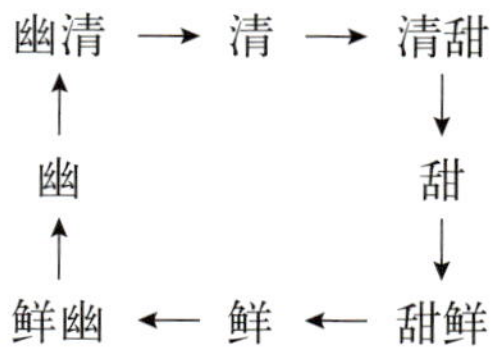

花香型

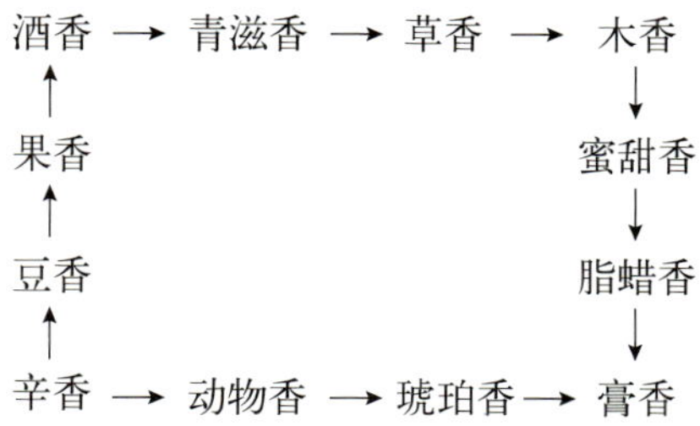

非花香型

还有其他分类方法，如根据产地可分为本土香药与海外香药。本土香药主要是指我国本土自产并长期使用的香药，具有较好的临床疗效。海外香药主要是指从国外输入的香药，又可分成三类：只产于海外，全靠输入者，如乳香、没药等；海外国内皆产，但最早由海外输入者，如沉香、冰片；先为海外产，后引种入国内种植者，如白豆蔻、胡椒等。

芳香物质这个大家族，用不同的分类方法，依据标准不同，各有优劣。在不同的应用领域，参照不同的分类方法。这样援物比类，是为了更好地记住它们的特点，以便于在应用的时候更加得心应手，不至于忙乱无序。

天地造化而有香气

天地孕育万物，万物各具特性。香物质在自然界中，是特立独行的一个类别，在各自的领域里，不喧嚣，不张扬，只把美好气味守护在体内。香在花的世界里含香不语，任周围肆意绽放；香在草的领域里，不求绿满天涯，暗自积蓄着单株能量，绝不同流合污，也不哗众取宠，保持着自己的香本色。我们崇尚自然界中的香，尊敬自然孕育的这种香特性。

每次拿到一味香材，我总在想，同样的植物仅仅出产于不同的地方，为什么就有不一样的气韵呢？是谁决定了它们的“香”或“不香”呢？

芳香植物泌香原理

古代本草学家说：“夫药之生也，气禀乎天，味成乎地，性在其间……”（《神农本草经疏》。气，是上天给予的；味，是大地给予的。气和味决定了它的特性。

当代植物学家说：植物的香气，首先是自身分泌的次生代谢物。次生代谢物是为了防御外敌、吸引动物传粉、保护自身等，是植物健康生长和传承的自然属性。某些代谢物具有挥发性，在需要时或紧急情况下会以气体或蒸汽的形式释放到周围环境中，就形成了不同气味。

生物化学家说：香气是植物生长过程中的化合物质。植物细胞内的特定酶和基因会催化化学反应，将一些简单的有机物转化为香气化合物，在特定的时候又释放出去。我们闻到的花香、果香、青草香，甚至树木香等都是香气化合物释放的过程。这些化合物主要有：萜烯类、醇类、酯类、酮类、醛类、酚类、醚类等。

植物在体内合成香气化合物时，看不见，摸不着，正所谓“修合无人见，存心有天知”，只有在释放时才能被发现其香气的存在。不同的植物释放香气的时间各不相同。花儿是开放时才释放香气的；草儿是受到敌害或环境改变时才释放香气来抵御和自卫的，如艾草、“碰碰香”；树木是把香储存在年轮里，当你截开看时，它便丝丝缕缕地解剖给你嗅，如松树、柏树、檀木；树脂是把树木受伤时的眼泪和“血液”凝结在一起，诉说着它的伤痛和顽强，如乳香、没药、安息香。

于是，在花开蝶舞、蜜蜂辛劳时，我们赞美花的智慧；在沉香受伤结香、松柏伤口流汁液的时候，我们哀惋树的奉献；在闻到兰草的芬芳与甘松的败酱草味道时，不再分辨它们的美丑与高下。

桂花

矿物香和动物香产生原因

常用于中国传统和香里的矿物香有琥珀、雄黄、朱砂等，为数不多，很珍贵。琥珀是几千万年前的松柏科植物树脂掩埋在地下，在压力和热力的作用下矿化形成的，又称为“树脂化石”或“松脂化石”。它表面常有当初树脂流动时产生的纹路，内部常有气泡、昆虫、植物碎屑，可以证明，其香是原有树脂香和泥土的陈化气。雄黄是硫化物类矿石，因含硫成分，所以遇热挥发硫臭气。朱砂并没有香气，但它在中国传统香里一直存在，并发挥辟邪消灾功能。

动物香的代表是麝香、龙涎香、甲香。麝香（别名：寸香、原寸、香脐子、当门子）产生于雄麝体外的腺体香囊中，是成年雄麝的雄性分泌物，干燥后呈颗粒状或块状，有特殊的香气，有苦味。

龙涎香，被称为漂浮在海上的香料。是抹香鲸（也叫真甲鲸、巨头鲸）肠内分泌物的干燥品。捕杀时从肠道取出，或自行排出体外，漂浮于海面，从海面上捞得。干燥的龙涎香呈不透明的蜡状胶块，色黑褐如琥珀，气微腥，味带甘酸。此香是这种鲸鱼以深海大乌贼、鱿鱼、章鱼及鳕鱼等为食，消化不充分时形成的肠结石。

甲香，为蝾螺科动物蝾螺或其近缘动物的掩厣（壳盖），经过多次炮制后才能成香。如先用炭汁煮，后用泥水煮，再用好酒煮，终用蜜炒成金色。需炮制后方有可用，单独不好燃烧也不香，与众香和合有脂粉香气。

看来，无论是植物香、矿物香还是动物香，均因天地自然造化，来之不易。理应爱香惜香，感恩天地。

厚重伟岸的木本香

香材中的木本香，气韵浑厚，品种繁多而又来之不易。得到它，从植物发芽、生长到结香，往往需要几十年甚至上百年。它们在传统香材料中有着非常重要的地位。代表香材有：沉香、檀香、降真香、柏木香等。

这些香材共同点是来自于树干、树枝、树皮、树根，有浓厚持久稳定的香气。可以单方成香品或在和香中确定主韵，担当“君”香的角色。是古今常见、常用而又可以列入高端香料、香品的香材。

木本香材讲究产地、树龄、结香时间、结香方式。同一产区不同的树龄，同一树龄不同的结香时间，同一树龄不同的结香方式，都会造成香气香韵的巨大差别。更讲求对其气韵的深刻了解和分辨，不掌握各种木本香的气韵特点，就不能把握其养生功能及在和香中的运用。

常常遇见分辨不清沉、檀、柏、降的气味区别和养生功用就去使用，非但不能正确享用，有可能还适得其反。比如，想闻香减压助眠，却用了单方檀香或崖柏香，造成闻香无用或相反的结果；又如，在轿车里熏沉香或放沉香精油以显豪华有品位，殊不知不利于集中精力驾驶。“送人玫瑰”却没留余香，是因为不了解香。

那么，常见木本香的气韵和功用是怎样的呢?

首先来了解沉香。沉香自古被誉为“众香之冠”“木中舍利，树中黄金”“一片万钱”“香中阁老”等等，集众多美誉于一身。

从沉香生成环境和结香方式看：沉香树生长在热带亚热带，地理环境有山有水，湿热而多微生物。无论沉香树生长在哪个国家和地区，其结香的方式是一样的——受伤结香，或台风刮断树枝，或野兽啃食撞伤，或虫子蛀蚀，或刀劈斧砍，总之要有伤口，然后伤口要有细菌感染，感染要不断地侵蚀蔓延，外结伤疤内部渗透，才成为一块沉香。地理位置和结香时间只会对沉香气韵变化有一定影响，或多了凉、甜、辛麻、花香、果香、药香，或影响了浓淡变化，但醇厚、幽香、丝滑而飘逸的沉香主韵不会变。

沉香的这种主韵，给人的感觉是变换飘逸的缕缕幽香，辛麻而开散，甜淡而不浓，奶香而不腻，丰富而不乱，引人遐思，令人宁静松弛，身心舒适。

所以，闻沉香的作用更多是静心安神、减压祛躁、修养性情。

作为香材，沉香常温下出香不明显，除非品级很高的沉水香或奇楠香可在常温状态下出香。所以作为佩戴的手串和挂件等需贴身为好。作为和香多应用于燃香和熏香。沉香在和香中经常作为“君臣佐使”结构中的“君”主地位，也是由其香性平和稳定、包容性强决定的。南朝宋史学家范晔在《和香方》序中写到“沉实易和，盈斤无伤”，既是对沉香在和香中作用的称赞，也是对自己品行的表白。

沉香（作者收藏）

沉香作为一味中药，其药性为：性微温，味辛、苦；归肾、脾、胃经；行气止痛，降逆止呕，温肾，纳气平喘。

木本香中的檀香自古被认为是“善木”，旃檀，是自古就被赋予诸多美好和神圣的香材。在圣洁的殿堂拈香敬佛清净身心，在尊贵的房舍格栅上散发着尊贵和灵气，在精巧的扇骨上扇出江南女子的温婉，在“檀郎”的比喻中笑嗔着风雅的美。只因为檀香气韵的阳刚、醇厚、清净而专注。

檀香为生长在热带、亚热带的整株香木，多用其树根、树干，其中芯材最佳。曾流传印度檀香在砍伐运输时要用泥土封住断面，以免香气散失，可见其香气丰盈馥郁。无论这檀香是来自印度迈索尔的老山檀还是来自澳洲的新山檀，气韵以浓厚木质香气为主，其中有清冽，有暖甜，有浑厚包容，有舒爽清净。

檀香因为在寺院和民间使用时曾被粗制滥造而添加气味剂，造成大多数人对其气韵的良莠不分甚至错觉，所以需要真正静静地品闻檀香原材，建立自己的嗅觉和体感，方能感知香气之美和养生作用。

檀香因其气韵上扬、专注和清净感，多用于凝神、净心、助思维、增记忆等。因其避秽、杀菌功能而多用于空间环境清洁。因其自古以来在印度与佛教的渊源，又被赋予神圣和通灵、祈愿、祝福等意义和作用。

所以檀香意义在于：醇和以养阳刚正气；清爽以醒神启智；奶甜以享柔和美好；专注持久以树自信和坚定。

檀香在和香时也常做“君”香。易与众香和合，但量不可过大，以免掩盖其他香气而失去层次。原料檀香不可长时间持续久闻，避免耗气或产生阳虚上火焦躁。和香时根据香方需要进行炮制纠偏为好。

檀香也是一味中药，其药性为：味辛，性温，归脾、胃、肺经，行气调中，散寒止痛。

降真香也称降香、紫藤香、鸡骨香等，是一种多年生的豆科黄檀属藤本木质植物受伤后香液凝聚，历经百年结成的香材，其结香方式与沉香结香相似。产香的地域也与沉香相仿，生长于热带、亚热带湿热气候和山区地理环境。

檀香图（作者收藏）

“降真香”名，来自于我国道教。《本草纲目》书载，“[珣曰] 仙传：拌和渚香，烧烟直上，感引鹤降。”即说，降真香与其他香和合后燃烧时，香烟直冲云霄，能吸引仙鹤降临。由此得名降真香。

降真香被誉为“道家第一香”，因为道家在使用过程中发现“醮星辰，烧此香为第一，度箓功力极验”（《本草纲目》）。“醮星辰”指道家的设坛祈祷、消灾解厄作法。是在夜里星辰之下，陈设酒脯饼饵币物，祀天皇太一，祀五星列宿，并以书写上奏章的仪式。是道教中的天人沟通重要仪式。其媒介常用降真香，感觉神仙真人便会骑鹤而至，屡试不爽，非常灵验。降真香以此被赋予了沟通天地的特性。

降真香气韵温和而丰富，香气明显，在常温和加热状态都可出香。因各产区气候与结香诱因不同，香气稍有差别，如辛香、椰香、奶味、花蜜香味等浓淡变化稍有不同。海南降真香清凉飘逸，如兰似麝，自古为入药、入香的上乘之选。唐朝李珣《海药本草》内中记载：“（降真香）生南海山，又云生大秦国，味温，平，无毒，主天行时气，宅舍怪异，并烧悉验。”说明焚烧降真香可以防疫。降真香粉末外用有止血、定痛、消肿、消炎、生肌功能，古时也用作金疮药、外伤药。

作为一味木本香，降真香也被喻为“和香之首”，善于众香和合而提升和香气韵，也让自身香气更美。自古在和香中应用广泛。单在《香乘》中，据统计就有20余个和香方，涵盖“法和众妙香”“凝合花香”“熏佩之香”“非烟香”等几个系列。分析这些香方中降真香的作用，多为取其气韵清透醇厚、甜香、奶香特点与其他香药和合出更加美好而有层次的气韵。在几个帐中香方中增加和香的甜美暖韵，在清真香、五真香中增加其灵性和神圣，在模拟花香方中能增强花香韵。正应了“然之，初不甚香，得诸香和之，则特美”（《列仙传》）。

降真香气韵也深得文人喜爱，伴读清远香中常有降真香，白居易诗“尽日窗间更无事，唯烧一炷降真香”（《赠朱道士》），薛逢也写“垂露额题精思院，博山炉袅降真香”（《题春台观》）。

降真香的中药特性为：味辛，性温，归肝、脾经，化瘀止血，活血定痛，降气避秽。

柏木香，是一味极具平民化的香材，尤其是在我国北方温带。柏树生长年代久远而普遍，四季常绿，生长缓慢而木质坚韧，其根、茎、枝、叶、果（籽）、壳（铃）全株通体都是香材料，只是部位不同香气和香韵有差异。

自古被誉为平民香、文人香，“铜炉烧柏子，石鼎煮山药”（苏轼《十月十四日以病在告独酌》）、“开门未扫杨花雨，待晓先烧柏子香”（贺铸《宿芥塘佛祠》）是说其平常和实用。

自古民间插柏枝祛秽避疫，焚柏木香、柏子香伴读，做柏木椽、柏木家具以防虫。柏木、柏枝的清香平和，能醒神净心，助思维。

近些年太行崖柏被文玩市场热炒，古崖柏摆件、手串等纹路精美，香气馥郁，为当代佩香市场注入新宠。崖柏线香、塔香也进入生活。

从香的气韵上比较，古树崖柏尤其是太行崖柏有其更加浓郁厚重的柏木香韵，比普通产区的柏木香韵层次更加丰富。藏地和青海高寒柏木香与平原地带的柏木香韵相比，留香时间更长。

综合特点：清韵、上扬、专注，提神醒脑、净心凝神。在和香中可做主香韵。

柏香因为其资源的普遍性，目前作假伪造的较少。但边材与芯材、古柏与新柏的气韵差别很大，使用和购买时应认真辨识。

调和众香的草本香

古人常用“芳草萋萋”形容春草的美，用“芳草碧连天”比喻青草的旺盛。把草赋予芬芳的生命特征，就给人以无限美感。许多草本植物，的确是带有香气的。据统计，全球至今发现有香气的植物有3600多种，而草本香植物就占2/3。它们只有一年或几年的生命周期，默默守候大地而不慕天空，不与乔木争高下，不与灌木比腰身，只专注于短暂生命的内涵。

草本香用的是芳香植物全草或者地上部分、地下部分等。草本香在全球范围内分布广泛，种类繁多，气韵丰富，变换多样。在香材、香药总量中所占比例最大。

草本香气韵的多样性取决于所在不同科属种类，有菊科、伞形科、唇形科、玄参科、天南星科、莎草科、百合科、姜科、败酱科等，众多科别又分属种，所以香气、香韵、香浓、香时千差万别。例如：菊科的清爽、姜科的辛温、唇形科的辛凉、败酱科的微酸，各有不同。如同人类所属种族不同，生长环境不同造就的性情差异，暴躁与委婉，高傲与平易，爽快与迟疑。正因为草本香的丰富性，形成了香气千变万化的美，调和出意想不到的奇妙和功能香，带给人们生理、心理、灵性的不同享受，引人入胜，催人探究。此举例几种有代表性的香草，供读者认识。

兰心蕙质零陵香　零陵香又名蕙草、熏草、灵香草等，为报春花科珍珠菜属多年生草本植物。因出产在湖南永州零陵县的药材最为地道，所以叫零陵香。宋代尚志钧《图经本草》载："零陵香，今湖、岭诸州皆有之，多生下湿地。叶如麻，两两相对，茎方，气如蘼芜，常以七月中旬开花，至香。"

零陵香（蕙草）的文化含义颇深。用它形容女人品德高尚，有"蕙质兰心"之说，这"蕙"就指的是蕙草，即零陵香。战国时期屈原在《离骚》里吟咏"余既滋兰之九畹兮，又树蕙之百亩"，来比喻自己的品德和正气。以香喻人，可见香之气韵美、品质高，令人仰慕。

零陵香茎和叶香气浓郁。初闻有辛温香，气韵走散，先灵动向上直达头部，而后慢慢下沉至腹，头部、腹部会有轻松感，但胃不好的人可能会有反胃。其药用价值和香用价值很高，医用治疗鼻塞、头痛、腹胀等症，在美容美体方面用于面脂或澡豆里，能熏衣、防蛀、藏书避虫等。

零陵香是我国本土使用较早的草本香，它和佩兰、藿香、香附子等经常出现在古香方中，担任佐香角色，调和主、辅香的香韵和层次，使其通透、灵动、走散。在养生功能方面能起到醒神、净心、通鼻窍、助思维的功效，广泛使用于伴读香、助学香、启智（灵香）等。

理气解郁香附子　又名雀头香、莎草根、雷公头、香附米等。这是一味遍布大江南北，被农民视为"斩草难以除根"的杂草，但其药用恰恰就是根部的"附子"，而且气味芳香，因此叫"香附子"，形状像雀头，又叫"雀头香"，大多生长在沙土湿地，又叫"莎草根"。其香药同源，应用广泛，香药性辛散苦降，微甘能和，平而不偏。可入肝经疏肝解郁，可入三焦经理气散结，故为疏肝理气之佳品，被李时珍誉为“气病之总司，女科之主帅”（《本草纲目》）。

香附子气韵美感因炮制方法而不同：生香附子闻起来有药香的爽气，走窜清透；醋炒香附子略带酸爽的舒服；酒制香附子通透让人微醺；炒炭香附子略带焦香厚重回味。品不同状态的香附子，犹如品一个人的过往，少年的青涩、青年的张狂、老年的持重，还有偶尔的醋意嗔怪，偶尔的通透开怀。

宋代《本草衍义》中讲其可入香：“香附子亦入印香中，亦能走气，今人多用。”民间也多用它与艾草、薄荷、菖蒲等一起装香囊、荷包、兜肚，为小孩解热祛燥、吸汗除湿、闻香避秽。有些地方把香附子、益母草、艾草称为三大“女儿草”，放在闺房沐浴泡足，调理身体，防病健身。

香附子在和香中做调和香而不做主香，使和香气韵丰富有层次感，增加爽气，给人以舒心解郁的美感。

亦香亦臭甘松香　又名“甘松”“香松”，《本草纲目》云：“产于川西松州，其味甘，故名。”它为败酱科草本植物的干燥根茎。香药性辛、甘、温，入脾经胃经，行气止痛，醒脾开郁。

在香材中，甘松以其香气特别而著称，喜欢者认为其霸气通透好闻，不喜欢者说它有臭脚丫气味，加热时酸败气加重。所以当代和香时总有人取舍不定。但自古至今，甘松在和香方谱中出现概率很高，正是依靠这种特别的气韵担负着重要角色，常作为佐香，调和主、辅香的层次和气韵走向等。在理气、解郁、醒脾和香中提升其功能作用。现代医学研究也证明甘松挥发油有抗焦虑、抗抑郁的作用。

品甘松香时，不要被其突如其来的略含酸败的气息吓倒，细品就有清爽和一丝甘甜，深闻则会有沁人心脾的爽神、解郁舒适感。其香韵升、降、宽、散丰富，入体走窜明显，如同结识一个面相不太柔和却有一副热心肠，乐于助人不计前嫌的邻居。

甘松在和香中不做主香，极能调和香气层次，让沉闷过于厚重的气韵通透、走散。

古老亲民艾草香　又名“艾叶”“艾蒿”“灸草”等，为菊科植物艾草的干燥叶。这一味香，以善灸著名，自古至今，是香药外用的典范。从古人类削冰为镜、聚焦太阳“取天火”点燃艾绒的那一刻起，艾就用于熏香防蚊虫、针灸治病、香囊防疫、洗浴泡脚等等。直至今日，艾灸依然是最常用的保健方式。

艾草的香气，在不同的生长阶段和不同用法中闻到的香气也不一样。春天的嫩草是清香稍甜，可用来做青团，解毒泄火除湿气。端午节期间的艾，香气浓厚纯正，用来做香囊避虫防疫，挂门上辟邪、祈福。秋季收割的艾香气厚重，陈放后做药、做艾绒等。

艾叶有理气血、逐寒湿、止血温经、安胎等功效，“七年之病，求三年之艾也”《孟子》。内服、外用、保健、预防都有用到。但艾草单方香用于品闻时气韵不是很雅致，燃烧时烟形烟气过大。需和合其他香药方能调出好香韵。掏空橘子瓤做个镂空盖顶的橘香炉，放干燥艾草在橘炉内点燃，艾草香和着橘子香同时释放，既好闻又能净化空气，不失为好方法，因此得到传播和好评。

艾草的单方香就是艾灸棒，气味不太好闻，不如新鲜艾叶香气通透。如果做艾草驱蚊香、防疫香，还需与其他香调比例和合。

舒爽清心香茅草　又名“柠檬草”“柠檬茅”“香巴茅”“风茅”等。为禾本科植物香茅的全草。香茅生长于南方，因有典型的柠檬香气又被称为柠檬草。这种柠檬香气正是香茅的香韵特点，清新、清爽而略带果香的酸甜爽神。

香茅的香气可以清洁空气，净化环境，使人振奋精神，舒气散虑。还可以驱蚊虫，除异味。所以当代和香经常用香茅来调和香韵层次，增强爽神舒心感。用在解郁除焦虑的熏香中较合适。少量添加，香气舒爽开心。不宜量大，否则容易掩盖其他香气。

与兰同德香白芷　又名“白芷”“芳香”“泽芬”“苻蓠”“白茝”等，为伞形科草本植物白芷的干燥根。香药性辛、温，能祛风散寒、通鼻窍。也用于食用煲汤、调味，美白护肤等。

白芷生闻为略带辛味的暖香，通透走散，香韵宽，可升可降。白芷外用也有消炎、止痛、促进血液循环等作用。常被用在清洁护理皮肤等，古方美容品“七白粉”、“八白膏”、“澡豆”中都有白芷。

白芷细品有兰草、蕙草之气，开花时节伞形打开芳香飘散，在山野，在崖边，在水岸，一丛丛，一片片，引人注目、止步，也有解释“芷”，为望草而止步。所以文人常与兰蕙同赞。屈原咏“扈江离与辟芷兮，纫秋兰以为佩”，并佩戴在香囊里比喻高洁；许慎在《说文解字》中注解：“生于下泽，芬芳与兰同德”；范仲淹《岳阳楼记》借景“岸芷汀兰，郁郁青青”抒忧国忧民之情。

当代和香用香也常常用到白芷，作为辅香、佐香入香方，其气韵通窍醒神。清代《种福堂公选良方》中有“白芷细辛吹鼻散”方剂：“治半边头痛：白芷、细辛、石膏、乳香（去油）、没药（去油）。上各味等分，研为细末，吹入鼻中，左痛吹右，右痛吹左。”吹鼻散，也是闻药，笔者曾用此方和香，闻香功效雷同。

书房伴侣芸香草　又名“香草”“臭草”“芸香草”，是一味香、药同源芸香科芸香属植物。

芸香植物形如苜蓿，茎叶气味清香通透，有近似柑橘皮、橙子皮的气味，但草香浓烈。作为草本香，闻起来有醒神、清脑、舒心释怀之感。作为中药，可清热解毒，散瘀止痛、开窍通经，杀虫等功效。

芸香是一种久负盛名的香，是因为它自古深受读书人喜爱，在书中夹芸香叶子既清香醒神又避书虫，在书房“焚芸避蠹”又助思维。据记载，我国现存历史最悠久的私家藏书楼，也是世界上最古老的三大家族图书馆之一（建于公元1561—1566年之间）的浙江宁波天一阁藏书楼，三百年来图书不生蠹，大部分保存完好，就是天一阁的主人明朝兵部右侍郎范钦在藏书阁大量放置芸香草的功效。所以，古人称藏书处为“芸台”，称书房为“芸窗”，称书籍为“芸编”，称书房香炉为“芸香炉”，书与香紧密结合，有了“书房伴侣”的说法。

芸香在和香中经常用作调和香，与众香和合可以提升气韵，通透灵动，增强解郁香、醒脑香功能。用量不可太多，以免夺气。

芸香植物

香风难久的花卉香

花香韵，是香产品中比较受人喜欢的一类香韵。

花卉类香气的一个共同特点是——“香风难久居”。鲜花的香气在传统制香方式下很难保存，干燥后的花香很单薄，留香时间短，燃烧时烟气和焦气远远大于香气。与别的香和合时花香很容易被掩盖，所以古法和香中想要达到某种花香韵，用本花香极少，而是用其他类别如木本、草本、脂类不同香材按一定比例，巧妙和合模拟出比本花香更加逼真的花香韵，叫“凝合花香”类。如：梅花香、杏花香、芙蕖香、百花香等等。

也许是因为古时不好储存鲜花，也没有速效烘干设备去保存花香，没有提取工艺等，如若那些文人雅士在隆冬季节突然想闻荷花香，或在炎热酷暑又突然想闻梅花的清香，也只能用各种香材模拟一番，还真模拟出了花香韵。

当代和香所用花香，是可以直接由鲜花或花香粉入香的。在不同的花开季节选香花采摘，亲手采香花，制花香，也是一种美美的享受。

传统和香常用的花香有：白梅花、荼蘼花、桂花（木樨）、茉莉花、玫瑰花、辛夷等。花在什么状态含香最好呢？含苞待放，半开不露蕊。

花的香在花瓣、花蕊、花萼、子房都含有，有香的花是用分泌香气吸引昆虫更好传粉、繁衍后代的，所以花开露蕊以后香气就释放。我们要保存最好最完备的花香，就要在半开不露蕊时采摘收取。

笔者曾在山东平阴玫瑰基地和花农一起采过玫瑰花。每天凌晨四点前头戴矿灯到玫瑰大田，用矿灯照明，寻找刚刚半开含蕊的玫瑰花苞，连花托摘掉放入篮子或桶里，一朵一朵严格挑选，苞已打开花蕊外露的不用，苞收紧的骨朵也不摘，一定要选刚刚发育好尚未外散的花，这样的花香最好。太阳出来之前结束采摘收工，把花运送到工厂冷链车，迅速上低温烘干机，只有这样才能更好地保存花香。

笔者曾在河南洛阳牡丹基地采过凤丹花，也是在日未出时进入大田，只选含苞待放不露蕊的凤丹花，一朵一朵小心码好，太阳出来之前收回到烘干机处，再选一遍，把途中开放的一些又挑出分类，含苞的迅速进低温干燥箱。

桂花采收也是如此。如果是用杆子打下来的，尽量把已经开放或开败的挑选出来。半开的桂花是可以直接做桂花香的，用蜂蜜拌匀，窨藏半月取出。在隔火香炉上隔银叶熏桂花香，可见含苞的桂花一朵朵开放，花香四溢，如在桂树丛中。

我们选几种中国传统和香中常用的花卉类香材，来赏析它的香韵。

宣通鼻窍辛夷花 又称“木笔花”“辛矧”“望春花”“玉兰花”“毛辛夷”“辛夷桃”等，是木兰科植物望春花、玉兰或武当玉兰的干燥花蕾。早春，即将开放时药性和香气积蓄最好，这时采摘阴干最合适。

辛夷花蕾也是一味中药。药性辛、温，入肺经和胃经，解表散寒。主要功效为祛风寒，通鼻窍，治疗鼻塞、鼻渊。从中药性就可知其对呼吸嗅觉系统的作用和其走窜发散功能。

作为香材，辛夷花蕾芯部香气最好，清新、通透、上扬，略带辛窜，深闻时醒脑、爽神。对比其他类花香，其香韵清冽、香气浓、穿透性好。在和香中，起“佐香”或“使香”作用，在醒脑提神香、开窍启智助思维香中提升功效。

辛夷入香的案例有：马王堆汉墓出土的香囊中就有“茅香、花椒、辛夷”；在《陈氏香谱》“梅花香”里模拟梅花香的清冽气韵；在《香乘》“逗情香”方中“辛夷用蕊尖”等。当代调理鼻炎的香药中也少不了辛夷花。

文人气质白梅花 梅花香历来被文人喜爱，文人墨客总希望有一款清寒爽气、梅香扑鼻的香品来彰显自己的高洁品位，所以梅花香有幸被文人所宠。梅花品类里，以绿萼白梅入香的较多，其次是蜡梅。白梅清爽冷香，蜡梅浓郁脂香，在香中可以调出梅花香韵。

古今香学典集里和文人笔记里的“梅花香”谱方很多，单在《香乘》一书中收录的用“梅花”命名的香方就二十多个。如：梅花香、梅英香、梅蕊香、浓梅香、笑梅香、梅林香、浃梅香、李主帐中梅花香、寿阳公主梅花香、韩魏公浓梅香等等。其中只有三个香方中有“白梅”入香：“梅花香（三）”中“白梅末二钱”；“寿阳公主梅花香”中有“白梅一百枚”；“梅英香（一）”中有“白梅末三钱”。这里白梅指的是“绿萼白梅”，气韵清香，香药同源。《本草原始》里记载可以“清头目，利肺气，去痰壅滞上热”，《百草镜》里记载可以“助清阳之气上升”；《纲目拾遗》里说可以“安神定魂”等。

综合众多的古法梅花香方谱，用梅花直接入香的不多。多是用其他香药和合模拟梅花香气。大概是因为梅花干燥后香气过于浅薄，在众多和香里容易被其他香气遮掩，反而没有梅花香气。相反，古人熟知各种香材和合调配之妙，完全可以用其他香材如丁香、甘松、茴香、白檀等模拟出梅花的香韵感觉，正如清代董说在《非烟香法》中所说：“梅花冷射而清涩，故余以辛夷司清，茴香司涩，白檀司寒冷，零陵司激射，发之以甘松，和之以蜜，其香如梅。”

当代用香中，有用蜡梅和白梅提取纯露的，含有芳香精油成分，香气也不错。在和香时加入花露，也是不错的选择。

花香九里中秋桂 八月的桂花被誉为“花中月老”，不仅仅是因为它月中桂树的美丽传说，更是因为它开放时与秋月映衬的“桂子月中落，天香云外飘”的香气，是沐风传香的“清可绝尘”、“浓能远溢”的“九里香”美誉，是因为几乎人人都无法拒绝的桂花酒、桂花糕、桂花茶、桂花蜜，还有那“暗淡轻黄体性柔，

辛夷

白梅花

情疏迹远只香留”（李清照《鹧鸪天·桂花》）的诗画美景。

桂花，也叫木樨。是因为在植物学上属于木樨科木樨属多年生小乔木，叶子像“圭”，树的纹理如犀。桂花有银桂、金桂、丹桂、四季桂等品种。花色有区别，香气浓淡也稍有不同，有的浓郁厚重，有的清香飘逸。其中：四季桂花色为乳黄色至柠檬黄，花香气也淡；丹桂花色为橙黄、橙红至朱红，香气浓郁；金桂花色为柠檬黄至金黄，香气浓；银桂花色为纯白、乳白、黄白或淡黄，香气浓郁。四大品种桂花，除四季桂外，浓香型的皆可入香。需斟酌分辨，针对所需和香气韵及香品要实现的功能，去选花定量。

桂花因气韵浓郁、留香时间较其他花卉长，所以可以单独制成香品。如：《香乘》中“木樨香二”“木樨香三”“木樨香四”均为直接采半开含蕊时期的桂花，用蜜拌和，密封窨藏一个月，就可以用煎香、隔火香方法品香。宋代又名的“蒸木樨”香，也是一款用新鲜桂花略蒸然后晾干，就可以熏燃闻香。

桂花更多时候是做和香，与沉香、檀香、降真香及其他草本香和合出更美妙，留香时间更长的香品，供人们收藏和品鉴。古方香和今方香中，以桂花或木樨命名的和香，基本上都有含真实桂花，这一点与其他花香比较还是实至名归的。如“木樨香珠”“木樨头油”“桂花香膏”等，都是用桂花和合其他香材制作的品种。

桂花入中药，有祛痰止咳、行气止痛、活血化瘀等功效。

桂花在传统文化里还有富贵、吉祥、崇高等寓意，适合庭院种植、城市绿化。友情送礼、考取功名皆可以赠送以表情达意。

情感表达玫瑰花　玫瑰花对于传统香来说，直接入香的不多。

一是因为“玫瑰”的名称唐代才开始出现，而且是借用了石头的名字给一类“蔷薇”冠名。史料记载，玫瑰花在唐代以前被称为“蔷薇”“荼蘼”等，玫瑰则是“玫，石之美者；瑰，珠圆好者”（《说文解字》）美石。《韩非子·外储说左上》记载“买椟还珠”的故事：“楚人有卖其珠于郑者，为木兰之柜，薰以桂椒，缀以珠玉，饰以玫瑰，辑以翡翠。郑人买其椟而还其珠。”这里的玫瑰，就是指用以装饰的赤色玉石。后来把蔷薇中红紫色的花朵称为“玫瑰”。所以，古方香中偶有入香的也是“蔷薇水”“蔷薇花”。

二是因为“玫瑰花”的香气不够浓郁，留香时间短，尤其是干燥后燃烧时香气更淡，不好续燃，烟气浓。当代科技也证实了玫瑰香气挥发成分含量很低，精油含量只有万分之三左右。

在当代香氛应用中，玫瑰香却是炙手可热的原料，从精油到纯露，从化妆品到香水，很多添加玫瑰香。同时由于玫瑰花被西方赋予情感意义，玫瑰香也日渐吃香。

玫瑰品种很多，当代应用于芳香领域的有国产玫瑰和国外玫瑰两大系列。中国古老品种有山东平阴玫瑰、甘肃永登苦水玫瑰、云南墨红玫瑰等，国外有欧洲保加利亚大马士革玫瑰和法国千叶玫瑰。这些玫瑰香性不同，所含挥发性物质（精油）的比例也不同。但玫瑰香气却都能够被全球接受。

在当代和香中经常用到玫瑰花，所用为半开不露蕊状态的全花，清晨日出前采摘，快速低温烘干或自然通风晾干，磨成超细粉。与其他香粉和合，具有安神助眠、减压怡情、解郁养心等功能，可以做线香、香珠、香牌以及古法香丸等。如和香时使用玫瑰纯露就如同用古代的蔷薇水，香韵会更加和美。

玫瑰也是一味中药，能理气而不辛燥，能活血而不破血，行气解郁，和胃、安神等。玫瑰还可以做成玫瑰花茶，近来也颇受市场追捧。

傲骨铮铮菊花香　菊花为菊科菊属多年生宿根草本植物，由某些野生菊经种间杂交演化而来。是中国花中四君子之一，喻为“花中隐士”“寿客”等。

菊花对国人来说，文化中的象征意义和其使用价值等同比肩。人们知道菊花“我花开后百花杀”的傲骨，也知道菊花清肝明目、泻火解毒的药性。但其中那“宁可枝头抱香死”的“香”，“冲天香阵透长安”的“香”，“罗含宅里香”的“香”等众多文人笔下的菊香，在古代还未出现人工栽培技术的情况下，野生菊花真的能散发出冲天的香气？这可能就是文化中的象征意义吧。

当代常见的菊花品种，多为淡雅香型，稍苦，清透。个别品种有较浓气味，但并非人人能接受的香，如金盏菊（臭菊、万寿菊），气味浓烈但稍臭。现存的野菊花确实还保留着较浓的清香，笔者曾跟随湖北江汉大学的菊花专家在湖北麻城发现几个野生品种，香气清雅通透。

菊花自古入传统香的并不多，独立成香的也很少。原因是香气淡薄、单一，留香时间短，独立燃烧时焦气大。与其他香和合时也容易被其他香气遮盖。但菊花的药用价值及茶用、食用价值使当代菊花产业不断发展，对花香的培育和花香应用研究会起到推动作用。

当代菊花入香已经有不少创新产品，如菊花香囊、菊花香枕、菊花眼罩、菊花口罩、菊花明目熏香等，均是选用药用菊花和野菊花配以其他香药研制而成的。笔者在2004年带队研发的“明目香”，含菊花、石决明、昆布等十余种清肝明目功效的香药，以蒸气熏眼的方式防控青少年近视，解除视疲劳，效果显著，该方法和产品至今仍在医疗机构使用。

大田菊花

国色天香牡丹花　对于牡丹花香，当代有些争议，甚至有一些专家拿实验室数据来讨论牡丹是否有香。也许是因为更多的人把视线或研究对象放在了花大色艳复瓣的观赏牡丹上，忽视了传统品种和多品种对比。笔者故乡洛阳，童年读着“国色朝酣酒，天香夜染衣”（唐 · 李正封《牡丹诗》）的诗句如蝴蝶般穿梭在牡丹花丛中，闻到牡丹香甚至成为记忆中的香启蒙。近些年研究传统香应用，也尤其重视这一“国色天香”。每年春天回洛阳，在专家和友人的协助下也采得不少花香标本。更有中科院植物所王亮生科研组、河南科技大学侯小改科研组、菏泽牡丹研究人员等对牡丹花香深入研究的成果佐证，可以充分肯定地说：牡丹有香，而且是“国色天香”。

含香芬的牡丹品种不少，古老品种中的“凤丹”就有很好的香，当代的“洛阳红”“香玉”“海黄”等品种香气也不错。牡丹花的香，大多在雄蕊上，花瓣不如雄蕊，最好的香是半开时期的雄蕊粉。了解牡丹香后，会采集牡丹香和应用牡丹香则更为重要。

古方古法牡丹和香中，多以凤丹根“丹皮”入香，如“牡丹衣香”、“牡丹香饼”等配方中都为“丹皮”，丹皮香气浓郁，留香持久。而花香收集较难，留香时间短，古香方中牡丹花瓣入香的较少，但凡入香必助香韵，如《香乘》中的“逗情香”（附方谱）。

逗情香

牡丹、玫瑰、素馨、茉莉、莲花、辛夷、桂花、木香

采各种花，俱阴干，去心蒂用花瓣，惟辛夷用蕊尖，共为末，用真苏合油调和作剂，焚之，与诸香有异。

摘自《香乘》（明·周嘉胄）（《钦定四库全书.香乘》中国书店出版社2014.1）

在当代制香中，牡丹已作为常用香材。牡丹雄蕊粉、牡丹花瓣粉、新鲜牡丹全花都可以入香，牡丹纯露、牡丹花酿也有加入。笔者及团队研发的牡丹香饼、牡丹线香、牡丹香佩等，充分试验调和牡丹花香和丹皮，加入沉、檀、降香及其他花草香，和配出减压、醒神、解郁不同功效，也已成系列。近年来用含苞待放的凤丹制作的“牡丹花茶”，融香、茶于一体。冲泡时，一朵牡丹盛开在玻璃壶中，花朵灼灼、香气四溢。观其颜，闻其香，品其汤，也是美好享受。

凤丹

洛阳市高山牡丹（凤丹）基地

丝绸之路传来的脂类香

中国本土香，在汉代以前是比较单一的，主要以草木香为主。如佩兰、蕙草、花椒、桂皮、萧、白芷、柏树、艾草等。以马王堆汉墓中出土香料为例，出土的焚香用料大多为植物类香料，如马王堆一号汉墓的女主人辛追墓中发现的茅香、高良姜、姜、桂、花椒、辛夷、藁本、杜衡、佩兰等十多种香料，均为植物香料。

西汉张骞出使西域后，脂类香料开始传入中国。西域商人开始将各种珍贵香料运到长安（今西安）等地售卖。据张华《博物志》记载：汉武帝时，“弱水（在中国古文献中泛指极西且遥远的河流——引者注）西国”有人向武帝进献三粒香丸。一开始武帝并不喜欢这种香，让人随意收了起来。没想到有一次长安发生瘟疫，“西国”使臣请求使用他上次进贡的香料。无奈，武帝命人焚烧香丸。没想到，奇迹发生了：“宫中病者登日并差（病愈）。长安中百里咸闻香气，芳积九月余日，香由不歇。”这奇异功能的香药，就是西域特有的脂类香，也叫树脂。

树脂类香，是树木受伤后流出的一种黏性液体，原本是帮助自身抵抗感染，愈合伤口的物质，但有些树脂有奇特的香气，就被人们收集，干燥后形成脂类香。树脂类香料有：乳香、安息香、苏合香、没药、松脂、龙脑香等。这些脂类香大多原产于阿拉伯半岛、伊朗高原及东南亚热带地区和地中海地区。丝绸之路开通以后，陆续传到中国，为中国本土草木香增添了无限韵味，促进了和香发展及香气提升，以至于出现中国历史上第一次用香高峰。现列举几味丝绸之路传来的脂类香与诸位共赏。

清越爽神龙脑香　又名“片脑”“冰片”“瑞脑”“脑子”“梅花片脑”等，是从龙脑香科龙脑香属乔木枝叶中提取或自然渗出的白色结晶体。龙脑香自古为名香，曾与沉香、檀香、麝香并称为“沉、檀、脑、麝”四大名香。其气清冽，苏敬《唐本草》曾记录：“其清香，为百药之先，万物中香无出其右者。”李时珍《本草纲目》记载：“开窍醒神，清热止痛。”

龙脑性寒、气冷、凌冽通透，闻之能提神、醒脑、明目、降燥、净心，是古今常用之香。在古西域国进贡的礼品中，在唐宫贵妃的香囊里，在宋代制茶的小龙团里，在文人墨客的书画墨中，都常常用到其清香、避虫、防腐、解毒等功能。

龙脑在古今和香中使用频繁，用在醒脑提神香、助思维香、清净香、除秽香中，突出其功能作用，也常做“使”香，提升香品出香速度。

龙脑香在使用时取量有讲究，恰到好处则为香品增香，量多就会掩盖其他香气，甚至使香适得其反。酌情酌量，增添美好。

甜美袭人安息香 又名“拙贝罗香”“息香”“白花榔”等，为安息香科植物白花树的干燥树脂。因出自古安息国、龟兹国的较为著名，唐宋时沿袭古国名称安息香。《本草纲目》有：“此香辟恶，安息诸邪，故名。”安息香药用为：开窍醒神，祛痰避秽，行气活血，止痛。对热陷心包或痰闭清窍造成的昏迷、气厥、中风等有明确的急救效果，为芳香开窍之药。

安息香香气甜美，走窜，通透，留香持久。闻香能安抚情绪，缓解压力，清除焦虑沮丧悲伤心情。适宜清闻慢品治愈情绪，适宜深嗅速吸提升快乐，更适合时常带在身上应急自己和他人。

安息香作为香材，古今中外皆有使用案例。它在15世纪传入英国，曾磨粉加入伊丽莎白一世的香水里；在汉代被西方使臣带到长安，焚香驱瘟疫；《红楼梦》第九十七回，在贾宝玉新婚之夜“定住他的魂魄”使用的就是安息香；在苏门答腊，安息香被当地人广泛地使用于祭祀上洗清罪恶，涤荡灵魂等，均体现了安息香的气韵美妙，避秽驱疫，开窍醒神作用。

当代和香中使用安息香，可增加香气甜美，提升香韵通透灵动，延长留香时间。但安息香和其他树脂类香料一样，多用就会遮掩其他香气或使香气腻甜浓重。

开窍还魂苏合香 又名“苏合油”“帝膏”“帝油流”等，为金缕梅科枫香树属植物苏合香树干渗出的树脂。“苏合”为拉丁语storax音译，以其气味芳香，故名苏合香。原产于土耳其、埃及、叙利亚北部等，目前我国广西境内也有种植。中药典记载有："气走窜”“通窍开郁”“辟一切不正之气”等。对热陷心包或痰浊阻闭清窍所致的神志昏迷、不省人事、中风、气厥等有急救功效，是心脑血管疾病不可缺少的一味中药，在“苏合香丸”“冠心苏合丸”等药方里起主要作用。

苏合香品闻时没有安息香的甜腻，略带几分药香透散，可用于熏香和佩戴。南朝吴均诗《行路难》中“博山炉中百和香，郁金苏合及都梁”，东汉乐府诗《艳歌行》中“被之用丹漆，熏用苏合香”是用熏香。唐诗里“游童苏合带，倡女蒲葵扇”（李端《春游乐》）、“横垂宝幄同心结，半拂琼筵苏合香”（李白《捣衣篇》）是用佩香。古香方中提到的“苏合油”大多也指苏合香。

当代和香中，苏合香用做聚香发香的较多，增加和香留香时间，用其穿透力和发散性带出其他香气。笔者也曾参考中药古方“苏合香丸”，制成一款熏香“苏合熏香”和一款佩香“苏合香牌”，旨在能体现苏合香的通窍、养心、护心功效，使用者反映效果还不错。

并无奶香气的乳香 乳香别名滴乳香、熏陆香等，为橄榄科乳香树属植物乳香树、药胶香树及野乳香树干伤口渗出的油胶。生闻香气不很烈，加热时有柠檬香气，略带辛气药气。

埃及考古学家在法老王图坦卡蒙的陵墓中发现距今三千多年却依然散发香气的乳香软膏。可见乳香应用历史悠久，并被广泛重视。埃及人称为“神的汗液”，并认为其有辟邪、避小人的作用。

乳香在和香中应用较多，一般作为聚香和增加留香时间用，也增加和香的清越爽神气韵。

综上所述，脂类香是和香不可或缺的原料，有无脂类香直接影响香品气韵和留香时间。但由于脂类香不好燃烧，所以在燃香类香品中不宜比例太大，以免影响燃烧。

阿拉伯香料

亦香亦臭的动物香

天然香材中有一类稀少而珍贵的材料，是来自动物界的，它们均为动物体内的分泌物，香气各有特点，稍带有动物体味，穿透性好，且留香长久，所以在香水、香粉和香精中使用广泛，在中国传统和香及中医药界也使用历史悠久，起着重要的医疗和养生作用。它们是：麝香、龙涎香、灵猫香、海狸香、甲香。

在中国传统香品中，麝香和龙涎香在“四大主香（沉、檀、龙、麝）”中占据半壁江山，可见其重要性。甲香，使用频率也很高。

谈虎色变的麝香 又称“寸香”“脐香”“当门子”，是成熟的雄麝肚脐和生殖器之间的香腺在香囊中形成的一种分泌物。其香气浓郁，新香略带皮革样体味，放久后略带甜香，初闻上头。穿透性强，留香时间久。

由于麝香在中医中药属于芳香开窍药，具有开窍醒神、活血通经、消肿止痛的功效，其活血化瘀作用及刺激中枢神经兴奋作用较强，所以，关于麝香的应用自古就有许多故事和禁忌。例如：古装剧把它作为后宫争宠的宫斗手段之一，闻麝香造成不孕或流产等等，让当代不明真相又不深入探究的人们，谈麝香而色变，唯避之而不及。

在实际应用上，麝香是中医药中常用的一味珍贵药物，在开窍药、跌打药、通经活血药甚至中医急救中经常用到。如外用“麝香虎骨膏”、内服“麝香汤”（《圣济总录》）、吹鼻药方治疗跌打气闭（《医钞类编》）等。

麝香在古方香中广泛使用，“脑麝”龙脑与麝香并用的也很多，而且比例也不小，范晔在《和香方》序中强调“麝本多忌，过分必害”，即麝香入香忌讳较多，“过分”指数量超过1分，相当于0.3克，超过一分就会有害处。古方香中超过1钱（3.125克）的用量常见，估计是原来麝香的纯度不如现在。

当代和香时用麝香的作用，多是提升香品穿透力和留香时间，提升香浓郁清越度。在使用时会做“后添”，即根据和香后总体感觉再加入适量，不可一次加入过多，以免影响气韵整体感。

漂浮在海上的龙涎香 “龙涎香”是中国自古以来的叫法，还被称作龙泄、龙涎、龙腹香、鲸涎香等，在西方又被称为“灰琥珀”，是一种呈阴灰色或黑色的固态蜡状可燃物质，陈放后具有其独特的甘甜土质香味。《本草纲目》中记载：龙涎香可以活血益精髓、助阳道、通利血脉，是治病和补益强壮的名贵中药材。

据说自古叫它龙涎香的原因是，古人认为这味来自海上的香料是海中蛟龙爬上礁石休息，口水流进海里凝聚而成。实际上是由生活在热带、亚热带的温暖海洋中的抹香鲸（Cachalot whale，又名真甲鲸、巨头鲸，为齿鲸类中最大的一种）吞食海中大王乌贼和章鱼而形成的一种结石，由鲸鱼体内排出，漂浮在海面上的白色、灰色或褐色蜡状固体，或者冲上海岸，经长期风吹、雨淋、日晒发酵而成。也有捕杀大鲸鱼时从肠道或胃里取出的，但品质不如自然排泄出的好。当下由取香引起的大量捕杀鲸鱼，已经被许多国家明令禁止。

龙涎香为蜡状固体，色泽不一，有白、银灰、淡金、深灰、棕和黑色，以白色者香气最优，颜色越深，香气越差。在西方常被用在高档香水中做稳定剂，留香时间最长。

据资料记载，龙涎香在宋代才由海上丝绸之路进入中国，成为昂贵的香料用于熏香和香，为皇帝和社会精英人士所用。古代香文化典籍里有众多“龙涎香”命名的香方，有些实际有龙涎香，有些根本没有龙涎香加入，只是用其他香料模仿了龙涎香气，但也命名龙涎香。如宋代陈敬的《陈氏香谱》中有“杨吉老龙涎香”“古龙涎香”“智月龙涎香”等。从此，这味从海上来的香料，更为珍贵和昂贵。

龙涎香在传统和香中，起到聚香和留香作用，同时加强香韵美感。因为龙涎香陈化后有木香、奶甜略带泥土气，留香时间是动物香中最长的。只是，目前为止，市场上品质良莠不齐，真正优质的龙涎香还是价格不菲，购买和使用时需仔细辨别。

反复炮制才好闻的甲香 甲香是一种螺的厣（yǎn），即螺丝肉与外界隔开的盖子。经过复杂炮制后，成为香料。据《南州异物志》记载：“诸螺之中，流最为厚实也。”“流”为一种螺，叫“流螺”，“厚”香味浓厚，流螺的香味最为浓郁。

甲香刚取下时并不香，甚至有腥臭气，必须进行一系列炮制才能入香。黄庭坚在《有惠江南帐中香者戏答六言二首》中也说：“百炼香螺沉水……螺甲割昆仑耳”，提到使用甲香要“百炼”。还有一些古方中提到“甲煎”，使用沉香、丁香、麝香、檀香、苏合香、零陵香等与甲香一起炮制而成，并非甲香一种，其过程更为复杂。

明代周嘉胄《香乘》中提到的甲香炮制方法有七种。

如用水反复煮，以便去掉甲片上的黏液；用炭汁、泥水、米泔水浸泡或煮，是为了去掉甲香上残留的盐霜；用蜜水和好酒煮是为了去掉其海腥气；用火炒则是为了在药理上去掉寒性。不同和香方要求的炮制方法也不同，一一按照所要表现的香气目标来炮制。笔者曾按古法要求炮制过甲香，炮制后腥气清除，尤其是炒后就出淡淡的骨质香。

炮制后的甲香，单独烧时也不很香，和合其他香后方能衬托出香气之妙。《南州异物志》就记载“其厣，杂众香烧之益芳，独烧则臭”。据统计，宋代《香谱》与《陈氏香谱》两本香典籍里就有67个香方里有“甲香”，看来是更适合和香的。

赋予灵性的矿物香

中国传统香中，有一类香材，闻起来并不香，但却一直作为香材使用，使用时还能够增加香的灵性。那就是矿物香。

其中较有代表性的是：琥珀、雄黄、朱砂。

这些矿物质并无香气或香气很淡，为什么还要频繁使用在和香里呢?

是因为中国传统香自古被赋予的灵性、辟邪、祈福、通灵，是传统香在一开始应用就要完成的使命之一。基于传统香的这些功能目标，自古就开始寻找具有灵性的物质，来合入香中实现这一目标。

琥珀 预热时有淡淡松脂香。琥珀在古代被认为是老虎死后精髓入地所化，所以被赋予辟邪镇宅和趋吉避凶的功能，也确实出土过新石器时期用琥珀雕刻的吉祥物，实际上是松脂被埋入地下矿化后形成的。同时，琥珀本身作为一味中药，其药性也是镇静安神，活血化瘀，对心神不宁、心悸失眠、健忘惊恐等有治疗作用。

琥珀或蜜蜡入香，其香气没有松脂的清冽，不掩盖其他香韵，同时增添辟邪、安神作用。在当代作为饰品佩戴，贴身或预热生香，会起到辟邪养正、安神静心作用。

朱砂 是一种鲜红的矿石，也叫辰砂、丹砂，是从硫化汞的天然矿石中提炼出来的矿物。

中医使用朱砂作为传统中药，“能养精神，安魂魄”（《神农本草经》）。朱砂色泽鲜红，据说颜色千年不变，被认为是天地纯阳之气所结的原因。道家认为极阳的朱砂可以平衡阴阳气场，徐灵胎在《神农本草经百种录》中说：“大赤为天地纯阳之色，故足以辟阴邪。”“心属火，色赤，故能入心，而统治心经之证。”

所以道家在画符的时候都要加入朱砂以增加功效。

朱砂作为一味中药，也具有镇静、安神的功效，能镇静、催眠、抗惊厥。《本草纲目》也记载有 :“凡人自觉本形作两人，并行并卧，不辨真假者，离魂病也。用辰砂、人参、茯苓，浓煎日饮，真者气爽，假者化也。”

朱砂在和香中加入少量，也是为了起到镇静安神、辟邪功效。

雄黄 一种矿物质，与雌黄相对。古人认为雄黄也属阳性之物，有辟邪、驱邪作用。端午节饮雄黄酒，佩戴有雄黄的香囊，都是民间辟邪和提升阳气的风俗。雄黄和朱砂经常同时用在和香中，增加香品的灵性和辟邪安神功效。

当代和香中的辟邪香囊、香珠、香牌或赋能空间里的燃香，都会有具足灵性的矿物香存在，提升正气，增加能量。

第四章

香事——因香而雅 弄香而美

喜香爱香，自然要弄香。弄香之事，可温文尔雅，闲散自娱；可艺术渲染，仪式感满满；也可精益求精，匠心独运；更可以融香事于其他，两全其美。

香事，是以香做事。有时候是要把香事做得很美，愉悦了自己也愉悦了别人，有时候是要把香事做得很香，以香气、香韵、香精神，满含深意地感染着别人。

香事，是以香论事。把香意融入事中，因香而更雅，因香而更香，因香而更有意味。

香事，是以香成事。因弄香而成就了自己也成就了别人。因为它是“香”的事情，香是正能量，香有德行，便得道多助，便成功。

在香艺中欣赏香之美

当今香事中的用香方式和用香过程是富含艺术之美的，比如篆香制作过程的一招一式，线香香插的艺术设计，古典香器具的造型艺术鉴赏等。

用艺术的手段展示用香之美，用艺术鉴赏的眼光去欣赏美，借助舞台、场景、音乐、道具展示中国传统香文化、香技艺、香应用的过程，以传播中国香的人文情怀、技艺之美、精神气质等，是香的应用之美、生活之美的再现，具有传播美和欣赏美的双重功用，养鼻、养眼、养心的同时提升人们的审美享受。

香艺可分为：表演香艺、陈列香艺和气味艺术。一段表演香艺，可以让人穿越时空，把数千年的香史片段尽收眼底；一次成功的香席陈列，会让观赏者耳目一新，雅趣盎然，感受传统香器具传达的艺术之美；一款富有艺术美感的香品可以带您领略嗅觉之旅。

表演香艺　按其内容可分为：仪礼型、雅生活型、史料型、技艺型等。仪礼型一般用于大型祭奠、庆典；雅生活型一般用于雅集聚会，也可与传统文化场景和茶艺、花艺、古琴等艺术形式结合；史料型是历史上用香的场景再现；技艺型是用香方式方法的艺术展示。

笔者曾为某大型活动设计过一台史料型“汉宫香艺”，依照历史资料丝绸之路香料贸易记载，用仿汉出土香具博山炉，借汉乐府诗“红罗复斗帐，四角垂香囊”的场景，汉服妆造，汉乐背景，活灵活现地把后宫用香搬上舞台，展示汉代香药传来、和香出现、宫中合香、用香的场景。让观赏者在短时间内通过视觉、听觉效果，了解汉代用香史实。传播了香文化，感染力极强。

庆典或祭奠香艺或叫“香仪”“香礼”，讲求礼仪的规范和艺术美的结合，不能只追求艺术美而失了仪礼的庄重和规范。一般用于节气庆典、开业开市庆典、重要祭奠等。如：“祈福香仪”“祭祀香仪”“花朝节敬香”等都具有很好的文化传播意义。

香仪敬香

香具的艺术陈列 它是提升空间文化气氛、增添雅致情调、传达仪礼敬意等不可或缺的元素。香器具包含：香炉、香盒、香瓶、香匙箸、香几、香盘、香案等。宋代开始逐渐出现整组套具，香具陈列就进入生活之中，在居室空间里陈设香炉具也成了家庭里的艺术亮点。书房里摆放“炉瓶三事”——香炉、香瓶、香盒，衬托出书香传家；玄关摆放“鼎式炉”，彰显室主人对来宾的敬意；茶桌摆上精致小香插，营造出品茗静心环境；卧室一角安放“鱼耳炉”，传达夫妻之爱、鱼水合欢之意……香具无言，却营造了心灵的艺术美。

香具的材质与器型设计，本身就彰显着器物设计之美。比如铜质宣德炉的古朴、典雅、厚重质感，炉耳、足、腹寓意之美；宋代瓷香炉的温润、简约和精致之美；当代创新的倒流香炉、观烟香炉等。配合环境需要，陈列不同香器具，均能彰显出环境艺术之美。

笔者近年来受聘于国内某软装设计教育机构，指导软装中香器具陈列及软装格调香气艺术搭配，把香的艺术美与家居结合，颇有意义。

香席的艺术设计 这也成为一门陈列功课。一年的不同季节适合用什么材质的香器具，不同的身份适合什么样的器型，插什么样的花，主香人着什么样的服饰等等，都需要一一设计。以文人香席设计为例，可有如下两种设计。

其一，香盘中放置龙泉青瓷炉、瓶、盒一套，瓶中有香箸、香匙、香押，盒中有古法香饼，香炉合盖置于瓶、盒之间，香盘左上方斜放一卷繁体线装书，香盘右上方隐隐一支插花。

其二，香席一方，上置紫铜“印香炉”（丁月湖印香炉）一枚，“闻思香”香粉一盒，香席右边陈列笔、墨、纸、砚。

香具陈列炉瓶三事

近年来影视作品中香艺也频繁出现，各朝代的宫中香、文人香、市井用香都被搬上屏幕，融进历史场景。从唐代夜宴到宋朝书案，从明代御医到清朝官宦，无不用香渲染气氛、彰显儒雅。但也有张冠李戴、“关公战秦琼”等笑话，不是香炉放错了位置，就是让线香提前诞生了千年，以及用香方式不符合史料记载，使用香器具不符合朝代等等，留下笑柄。所以，香艺的设计者必须谙熟中国香文化历史发展及香料、香药使用基础的常识，深入了解各个朝代用香的特点和精髓。服饰、香具、香品以及使用方法、音乐背景等方面都应符合历史朝代背景，可稍有创作升华，但不可以臆断粗仿，违背史实，贻笑大方。

香气的艺术感染　这是和香师对一款香品怎样实现嗅觉美的艺术表现。一款香品，能否让品香者入鼻、入心、入境，实现如古人所说的“鼻观”——让鼻子看到一切，是香气设计的基础也是高难度部分，更是和香师高水平的体现。

香气原本存在于香物质本身，犹如色彩本身就存在于自然界。各种香材香气的浓、淡、辛、凉、甘、苦各有不同，亦如画家面对赤、橙、黄、绿、青、蓝、紫，如何调配出适合人们嗅觉美感享受，而又具备一定养生功能的香品，是考量一个和香师技艺水平的标准。所以，和香师首先要有敏锐的嗅觉，能从众多香材中辨识出自己香品主题需要的香气物质，把它们按照主、次排列，按照香气的表现趋向配比，让香气各不相掩，有层次、有主次、有动感。亦如一曲优美的音乐，或悠扬缥缈、或顿挫跳跃、或铿锵激越，让听者乐此不疲。

一款有香气艺术内涵的香品，在品香者敏感的嗅觉中，具备初香、中香、尾香的变化过程，犹如西方香芬有前调、中调、后调一样。更要有中国香的香气走向，向上、向下、向宽处或纵深弥散、晕开，在深吸和品味中引领思绪，调动情感，产生美妙景象。尾香又可以让人回味无穷，如余音绕梁。

综上所述，香的艺术，是以嗅觉、视觉、听觉甚至触觉相结合而融会贯通的艺术形式。它展示的是用香过程中的技艺之美，生活方式之雅，精神境界之高。这就要求设计者所设计的香艺过程一招一式要有恭敬心、敬畏感、清净意识及专业文化素养，不可太过花哨、轻浮、热闹，以免有悖香文化本质以及所传播理念。

在制香中传承香之技

制香需要技艺、技能和方法，或继承前人古法，或延续家族传承，或博采众家之长，都要遵循炮制之法，和香之道，制香之技，不可随意而为。

选材，是制香的开始，道地、优质的香材当然是首选，气韵正，产地符合香方要求也更为重要。例如用檀香制香，有印度老山檀和澳洲新山檀，老山檀中还有白檀、黄檀、紫檀（白檀中紫色者）之分，气韵有差别，制作燃香和佩香时应有所选择。优质的燃香首选老山檀白檀，某些古法熏香丸要求用紫檀（白檀中紫色者），而佩香中用黄檀或澳檀都需按香品功用和气韵要求去选择适合的材料和配。

炮制，是制香的第一道工序，炮制过程是对某些香材的气韵提纯、加浓、减弱烈气等，某些香材甚至不经过炮制就无法使用。香材的炮制与中药材炮制过程有相同之处，但重点不一样，中药材炮制注重药性的体现、纠偏、去除毒性等，而香材炮制是香性和气韵的共同提升，让气韵更纯正、去除生烈气或加重主韵。

修制，是炮制香材的基础，需要把香材处理干净，不夹带泥土、杂质等，然后按要求切碎、碾粉等。植物茎、叶、花、根部位分别放置，用叶的最好不带茎，用茎的最好不带叶，因为植物茎和叶的气韵厚度是不同的。木本香的根材、芯材和皮材韵味厚度也有不同。花香还要分花蕊和花瓣或者全花香。

炒制，是根据用方需要，加辅料或不加辅料，火候上有“炒令黄”，“炒令焦”等。如制檀香的方法之一，就是选好檀香，制成碎米粒大，慢火炒令烟出紫色，断生气即止。白檀香以蜜拌之，净器内炒干，加入炼蜜，炒至黑褐色止，勿焦。

蒸制，即利用水蒸气或隔水加热香材。可清蒸，也可加入辅料。一方面可以使香材由生变熟，让香气稳定；另一方面，也可以分离香材，如笃耨香黑白间杂者，必须分离单用，其法为以瓷器盛香入笼中蒸，沸约半小时则白色上浮黑色沉下，即可分开。但值得注意的是，芳香成分易挥发，蒸的火候、次数视要求而定。

煮法，是用清水或加料浸煮。如制甲香，即需先用碳汁煮，次用泥水煮，最后用好酒煮。或用米泔水浸多日后，再用米泔水煮，待水尽黄气发出时收，凉后再火炮。

炙法，是用液体辅料拌炒，使辅料渗入和合于香材之中，增加香材的气韵。常用的辅料主要有蜜、梨汁、酒等。

焙法，是将香材置于容器（瓦器等）中加热使其干燥。如沉香烘焙后，便于贮存和保存药效，香花焙干密封，保留香气。

水飞法，是把粉碎后的芳香中药加水研磨（其粉末即“飞”入水中），再将液浆静置沉淀，将沉淀物晒干研细备用。此法能防止香材在研磨时粉末飞扬的损耗，又可分离出香材中可溶于水的成分，使香更加细腻。

同一种香材，在不同的香方里对炮制的要求也不同。如檀香，《局方》记载：“凡使，先碎锉，捣罗为末，方入药用。”《本草品汇精要》记载：“锉碎用，不见火。”《普济方》记载：“锉，茶青浸，炒黄。”《香乘》记载：“清茶浸一宿，炒令无檀香气味。”“白檀四两砍作薄片，以蜜拌之，净器内炒，如干，旋入蜜，不住手搅，黑褐色止，勿焦。”当今和香中常用的檀香炮制法有：檀香末、浸檀香、剉檀香、炒檀香、蜜制檀香、酒制檀香等。

炮制香材

和香配制　它是传统香的基本技能。传统香品以和香为主，用多种香材按一定的比例和合成一款主题明确、功能突出的香品。自汉代开始的“百和香”“千和之香”至唐、宋、明、清传承的和香方谱，传承至今天，中国香依然崇尚“和香”（也有写“合香”）。

从历史传承至今的香谱典籍及当代香应用的案例可归纳出，和香制作的基本步骤不外乎五个：研、炼、捣、揉、窨。

研，即研磨。甄选香材，并依法炮制。研磨的粗细需按香方要求，如香囊用香不用筛箩，而蜜丸香饼用料必须筛箩到一定目数。古法和香都有严谨要求，《陈氏香谱》卷一“合香”云：“合香之法，贵于使众香咸为一体。麝滋而散，挠之使匀；沉实而腴，碎之使和；檀坚而燥，揉之使腻。比其性，等其物，而高下，如医者用药，使气味各不相掩。”

炼，即炼蜜。蜜为古法香常用黏合剂，炼蜜是要除去水汽、杂质和细菌，让合成的香丸、香饼久藏不变质。炼蜜要按照香方和季节要求，炼成嫩蜜、中蜜、老蜜各有讲究，并且炼蜜方法、使用容器也都有讲究。

捣，香与香和，再与蜜和，需捣锤数百下才能使蜜与众香和合在一起。

揉，香泥放在手中反复揉搓，成型香丸或香饼。用人体温与香性和合；香与人和，香养人；人与香和，感知香。

窨，制好的香品置入干净的瓷罐密封，放入地窖或背阴处，按要求窨藏半月或月余，使香气香性完全融合。

当代和香也有用榆树皮粉、楠木皮粉、生蜜、白芨等做黏合剂和香制成燃香、佩香的，省去了炼蜜步骤，但其他步骤缺一不可。

香品的制作过程，因款型不同技术要求也不同。佩香中的香囊是最简便制作的，而香珠和香牌就对香材粗细程度、黏合剂比例、成型技术有较高要求。线香制作机器化生产后，对线香粗细控制、黏合剂比例更好把握了，但手工香与机制香还是有差别的，虽然手工制香速度和产量不如机制，但那种和着制香者体温、情感、专注力的香，总是给人以超越技术层面的美。

君、臣、佐、使的和香原则　香与香的和合是讲求原则的，按照所需香品的主题，选择符合目标的香药，按一定的配比和合成一味新的香品。既需要认知试验，更需要掌握传承之经验。自古至今，和香时要掌握君、臣、佐、使原则是香药和合的关键。

“君”香也叫主香，是本香方中担当主韵味或主要功能的香材，多是木本香材，香性稳定，气味厚重，留香时间久。

“臣”香也叫辅香，要与“君”香主韵和主功效一致，能辅助主香更好地发挥功效，木本、草本香材皆可。

“佐”香为调和香，在香方中起协调作用，君香和臣香如果太过强势，就需要佐香降一下调值，或调一下韵味节律，使之不要太浓重。一般有药香、花香、果香的香材可以担当。

“使”香，在香方中出香较快、穿透力强，能把其他香韵很快带出的香材，一般用脂类香。

掌握了和香原则，一个香方反复试配和合，才能增加阅历、积累经验，对香材香性了解更深刻。在对使用对象充分了解的基础上，加上和香师的创造力、艺术感知力等方能合出一款好香。

所以，传统和香所体现出来的是：香与香和，香与人和，人与自然和这样的“天人合一”思想。

和香

在香茗中品味香之幽

生活中，茶与香的结合是最常见也是最恰当的形式。品茗、闻香已经成为当今人们闲坐浅叙、修心养性的常用模式。“焚香忘世虑，啜茗长幽情”是香事之美。

一间茶室，如果有几件香器恰如其分地布置或点缀在合适的位置，便觉得满室静雅有气场。

一方茶席，如果有一缕细香悠然缥缈，就更加满足了视觉、嗅觉、味觉的综合享受。正如明代徐𤊹的茶书《茗谭》所说：“品茶最是清事，若无好香在炉，遂乏一段幽趣。焚香雅有逸韵，若无名茶浮碗，终少一番胜缘。是故，茶、香两相为用，缺一不可。”古人言之在理啊。

香与茶，同属闲暇散虑养心之物，都有理气祛躁、减压舒缓之功效，所需环境也同样要求安静、雅致、舒服，最好有视觉、听觉的良好感受。

香与茶的结合是有序、有道、有韵味的结合。

首先，茶室要选配合适香器具。茶空间应以茶器具和茶品为主，香器具及香品为辅。不可配太大、太多和过于醒目的香器具。所用香炉形适宜配小博山炉、小折沿炉、小簋式炉、小狻猊炉、印香炉等，形制小巧，不夺茶器主位。香器具材质可为精致铜或瓷质。香炉颜色宜淡雅不宜花哨，不抢眼。经常使用线香的，可以搭配各种漂亮、小巧玲珑的香插。每个茶席上只可有一件香器起点缀作用，恰到好处不繁杂。无客饮茶时静置案上，与茶具共同营造出幽静雅致的气氛，有客饮茶时，燃一缕清香，馨烟细袅，缭绕迂回，增添几分闲情。

其次，品茶时闻什么香大有讲究。有些茶人认为喝茶不能闻香，担心香气掩盖了茶香，有人则认为，香气配合得好，有助茶韵茶气。的确如此，喝什么茶，闻什么香，怎样闻，颇有讲究，若不懂得香、茶搭配而又盲目显摆，那就既浪费了香品，也影响了品茶的口感和美感。

一般来讲，茶室用香以香气淡、雅、清、悠为主，不宜用浓香和过于烈气、杂气的香。单品香中沉香、降真香适宜，檀香、柏香等不宜。和香中要取清雅韵、悠远韵、淡花香韵、茶香韵的香，避免过浓的木香韵、药香韵、脂香韵、动物香韵。

香、茶搭配还应考虑饮茶季节、饮茶种类、茶客身体状况等。正常情况下，春季以升发阳气为主，夏季以静心安神为主，秋季以润肺理气为主，冬季以收敛补阳为主。茶应季节而饮，香也应配合饮茶，以达到养生不相悖的效果。

品茗闻香

古人有许多啜茶闻香的例子，我们也可以参考。

仿明代即炉煎香　一边煮茶品茗，一边借茶炉火引炭，做一炉隔火煎沉香，慢慢地品闻，如同在太清宫与上真仙人同游一般美好。

效仿出处，明代屠隆《考槃余事》：“煮茗之余，即乘茶炉火便，取入香鼎，徐而爇之，当斯会心景界，俨居太清宫与上真游，不复知有人世矣。噫！快哉。”

明代的戏曲作家、养生名家高濂还提示了哪些香可以配合茶事：有“蕴藉”气质的香品，如玉华香、龙楼香、撒馥兰香等。并在其所著《遵生八笺》中记录了“玉华香”香方：

沉香四两、速香（黑色者）四两、檀香四两、乳香二两、木香一两、丁香一两、郎苔六钱、唵叭香三两、麝香三钱、冰片三钱、广排草三两（出交趾者妙）、苏合油五两、大黄五钱、官桂五钱、黄烟（即金颜香）二两、广陵香（用叶）一两。右以香料为末，和入合油揉匀，加炼好蜜再和如湿泥，入磁瓶，锡盖蜡封口固，烧用二分一次。

注：1、唵叭香：以胆八树的果实榨油制成，能辟恶气。2、郎苔：为槟榔树的绿苔。

有心人不妨照方试做一下，可做成若干香丸或香片保存。在品茗时取出一、二做隔火香品闻，会让香、茶融融，不胜美好。

用茶叶直接做香或烤茶出香，是品茗闻香最相宜的方式。喝同一款茶，烤同一款茶出香，可先烤茶出香，再冲泡同一款茶，也可一边烤茶闻香，一边喝茶。将小小的烤茶炉置于茶桌，炉底烛火如豆，忽明忽暗，炉中茶香袅袅四散，飘然鼻端。啜一口杯中茶，闻一缕炉中香，香助茶韵，茶润香氛，相得益彰，甚是美好。烤茶香、品香茶，可同款茶，也可同类茶，又可同款不同年份茶，如是三番，会自得其乐。

融香入茶，香茶一味 想必有不少人喝过含有香料的茶，在制茶时就融入香元素，让香与茶融汇，茶中有香，香中有茶。只是大多数人在饮茶时忘了品茶中之香或不会品茶中之香，枉费了一款好香茗。

例如茉莉花茶，也叫“花茶”“香片”，就是典型的融香茶。在绿茶制作过程中加入鲜茉莉花与茶叶一起窨制，让茉莉花的清香融入绿茶，在品茗时花香茶气沁人心脾。建议先品花茶香，再饮香花茶，方能享用此款茶的走心。

又如“陈皮普洱茶”，也是典型的香材陈皮与熟普和合而成的一款茶。熟普与柑皮相互吸收精华，熟普的醇厚加上柑皮的果香，形成了风味独特、口感一绝的柑普茶，其口感和养生价值早已被茶界公认。品饮柑普茶，也应先闻果香、茶香，再饮香茶，边闻香边喝茶，才能体验出香、茶融合之美和功效。

元代王祯所著《农书》上曾记载一味供品“小龙团”蜡茶，就是茶与香的和合：“择上等嫩芽，细碾，入罗，杂脑子诸香膏油，调剂如法，印作饼子，制样任巧。候干，仍以香膏油润饰之，其制有大小龙团、带胯之异。”其中“脑子”指龙脑香，“诸香膏油”就是各种香熬制的油膏。

笔者2016年开始，潜心研发一款香、茶一味“小香柑”茶，作为翰方香空间的专用茶，使用至今颇受茶友欢迎。用小青柑（青柑装熟普）为基茶，加入海南沉香勾丝、西甘草、桂皮等数种香材组方配成，其兼有理气、和胃、健脾、止咳、提升阳气的功能，全然不同于市场上的小青柑茶，成为一款养生茶。品饮“小香柑”时，先闻茶香后品香茶，边闻香边品茗，一道茶前后共闻九次香，香气随泡茶时间变换，茶香也层次不同，“香陈九畹芳兰气，茶品一味小香柑”（香茶语录），让嗅觉和味觉同时享用，也成为我的小美满。

近年流行的“围炉煮茶”，壶中茶香滋味，炉上烤果熏香，也是当代时尚款“香、茶一味”吧。

品茗闻香，可远闻也可近嗅。可以在茶空间远观一炉雅香细烟，缭绕出丝丝宁静与香韵；也可以近闻一炉隔火熏香“但令有香不见烟”，养鼻润茶；亦可以在品茗前焚香静气，让茶客安于当下，品茶开始后熄灭或移走香气。在台案供桌上摆些香果也是闻香方法，如佛手果、柑橘等，橙香飘来，令人释怀。又可一枝香花，如茉莉、桂花、玫瑰、蜡梅，四季顺手拈来，让茶桌增色生香。

香与茶的结合使茶人有了香心，有了恭敬心，以敬香之心敬茶，茶会更有敬意、有正气。有了清静心，泡茶之前燃一支香，安定心神，让泡茶时心静如水，更能泡得无躁气的茶，让饮者静心。有了洁净心，泡茶同时闻清净香，心净则茶纯，传递给品饮者以纯净的口感及心境。

香、茶一味，也合自然平衡观，品茗、闻香，水属阴，往下行，香属阳，往上升，阴阳互补，减少了茶人经常喝茶造成的脾湿体寒，茶室环境也因此而气场平衡。

在书香里感知香之用

一炉香，一卷书，一杯茶，偷得浮生半日闲，是当代最奢侈的享受。你可以懒得搭理世事繁杂，懒得与人争辩是非曲直，然后心怀一份洒脱与自信，拿起书架上并未蒙尘的闲书，燃一炉或一支香，在馨烟袅袅时深吸放松，让书中的情境带你离开尘世去远方。

高濂在《遵生八笺》中就描绘过理想的书斋："书斋宜明静，不可太敞。明净可爽心神，宏敞则伤目力……置鼎炉一，用烧印篆清香"，一炉清香伴读书，是文人的惬意。自古至今，香就是书案不可或缺之物。香可伴读，"红袖添香"是读书人梦寐以求的场景，非思红袖在侧，却愿有香提神醒脑增记忆。文人雅士对香的吟咏唱和、品鉴叙写，无不是知香用香所得。

香在书画墨里防腐　古人使用的墨里也是加香的，一般用于祛油烟味、防虫、防腐。笔者曾受黄山屯蒙学舍书院邀请，陪同考察徽州百年墨厂，探寻古徽墨"香彻肌骨，磨研至尽而香不衰"的原因，原来是加入金箔、麝香、冰片、中药材、香料、皮胶或骨胶等的缘故。《清异录》中记载："韩熙载当心翰墨四方胶煤多不如意，延歙匠朱逢于书馆制墨供用，名麝香月，又名元中子。"可见古代文人用香墨做书画的史实。

书房用香醒脑提神助思维　檀香、柏香、芸香、柏子香是古代书房常用香，有醒神、静心、启智功能，常被人们用于读书时防瞌睡，清醒头脑，活跃思维。如明代高濂等著的《遵生八笺》中有“篝灯夜读，焚以远辟睡魔”。毛元淳在《寻乐编》中说“早晨焚香一炷，清烟飘翻……书斋中不可无此意味”。古人“红袖添香伴读书”，正是说女子在书房为丈夫频频添香伴读，让香提神醒脑助思维，助丈夫考取功名。清末南通文人丁月湖还专为书房研发了“芸香炉”，让读书人“春暖墨融河北纸，夜深人试海南香”（清·钱昌龄撰联）。

当今的书房用香更是广泛，各研发及制香机构几乎都有书房读书用香，单就笔者主理的翰方香品牌中就有“闻思香”“醒读香”“书案芸烟”“书案香礼”等多款文人香供读书使用。每年的考学季，也常有考生特定“助考香”“状元香”等。

读书人自制香互赠，乐此不疲　如著名“香痴”诗人黄庭坚就自创名香“意和”“意可”“深静”“小宗”，被称为“黄太史四香”，收录于《陈氏香谱》中。好友常把自己按其香方制作的熏香送给黄庭坚品鉴，他也乐得认真品闻、评判。其中在《与徐彦和书》中点评过徐彦制作的“小宗香”与“意可香”：“前所寄香，似与小宗不类，恐元是香材不妙。使香材尽如所惠苏合之精，自可冠诸香矣。意可尤须沉材强妙，前录意可方去，似遗两种物，盖当于诸香后云龙脑麝香各三钱别研。”明确指出对其配的香不够满意。还有东坡的“雪中春信”香，徐弦的“伴月香”都是文人制香的典范。

文人写香、咏香、传播香　在某种程度上可以说文人是中国香文化最主要的传播者。

陈去非写道：“明窗延静昼，默坐消诸缘。即将无限意，寓此一炷烟”是用香营造书房宁静气氛；苏轼吟咏“万卷明窗小字，眼花只有斓斑。一炷烟消火冷，半生身老心闲”是焚香读书的领悟；朱熹说“花气无边熏欲醉，灵芬一点静还通”是闻香的启智明理。

何不在当代世事纷扰空隙里，试展一卷书，焚一炉香，暂忘些许烦恼。

焚香读书图

在插花时享受香之芬

弄花侍香，插花、焚香两相宜。笔者常以“花是香的形象，香是花的魂魄”主题与插花师交流，深得共鸣。

当代插花艺术已经成为雅生活的一部分，众多的插花师或传承中国传统插花或学习日式花道或仿照西式插花，创作出优美的花艺，装点着人们的视觉空间。不少插花师也很重视芳香花卉的应用，在插花时兼顾花香的释放，让人们得到视觉和嗅觉双享受。

但也有些插花却只能远观而不可近闻。或是因为喷了化学香氛或有气味的保鲜剂，或者是过多应用了有浓烈香气的花卉。被一捧百合花熏倒的大有人在，也有被加香的玫瑰花吸引又被熏到头痛的。如此只顾花姿摇曳迷人眼，却因花气而伤身的，有悖于插花艺术本源之美了。

花香怡人，是自然界对人类的馈赠。花有香芬亦如人有灵魂。人们喜欢茉莉花是因为“倩得薰风染绿衣”（宋·辛弃疾《小重山·茉莉》）；喜欢牡丹是因为“独立人间第一香”（唐·皮日休《牡丹》）；喜欢桂花是由于“未卷珠帘香已至”（宋·曹勋《谒金门·咏木樨》）；喜欢白梅是“为有暗香来”（宋·王安石《梅花》）；喜欢白兰花是因为能“薰风晓破碧莲苔”（宋·杨万里《白含笑》）……许多花，香气怡人而又养生，常赏花色、观花姿、闻花香，养眼养心又怡情。如若又能深谙花香之功效，知其哪些可助眠，哪些可散虑，哪些可醒神，哪些可启智，再把香花插得艺术而又养生，将插花与闻香结合，就是插花艺术的升华。

插花艺术与香文化的结合，还体现在插花师对花材的恭敬心。每年花朝节，每次采花前，每插一花一叶，都应心怀敬畏，感恩大自然——天地、山川、阳光、雨露赐予，用一炉香或一支香表达出自己的敬意和感恩，是每一位插花师应该做的。

笔者交往的几位插花老师有一些感人至深的行为，让人钦佩。其中一位是研究中国插花史的老师，每次在大型插花活动前必沐浴更衣，焚香敬花，盥手后方肯拿起花剪、花器走向花材。他常常对追随者说：每次活动有这么多花花草草为我们献出它们美丽的生命，一定要通过我们的敬意和责任让花草们最后一次美丽绽放。他的一瓣香心已融入花中，所以，每逢供花活动，花友们纷纷报名义工或远程供花。另一位是笔者的香学学生，也是当代插花师后起之秀，我曾被她的一次嘱托感动过：拜托老师出差某国时帮我买一把最好最贵的花剪，我要对得起那些美丽的花儿。恭敬心就是最好的心香，而这心香也会感动那些花儿，让花儿最美地绽放自己。

花无百日红，花香却可留下。插花艺术常用的芳香性花卉，也是一味好香。如茉莉、佛手、桂花、蜡梅等，可以在蔫去时收集起来晾干，研磨收藏备用。在和香时可以像加入其他花卉香一样增添花香韵。等再闻到香时，便如同彼时的插花依然开放在眼前，又是美好的享受。

花亦是香，香又是花。在花与香的交织里，是对自然和人文之美的感受。

插花、品香，当代常有的雅集活动　宋代文人把闻香、点茶、挂画、插花四般闲事做到了极致，现代人也仿照举办沙龙或雅集，期间插花艺术与香气艺术多融合展示。

对于插花与香艺同时进行，有众多说法。有说“花下不闻香”，花和香不能同时展示，原因是熏香或燃香影响了花香品鉴，也许有道理。花香有其组合之神韵，旁边若有一炉香无所顾忌地释放着，似乎也不太协调。但保持一定距离或照顾到花、香一致，表现出主次关系也未尝不可。

宋代著名的《听琴图》，描绘出琴、花、香相结合的场景。《听琴图》为北宋宋徽宗赵佶所作，现藏于故宫博物院，立轴、绢本、设色，147.2 × 51.3 厘米，描绘的是官僚贵族雅集听琴的场景。主人公道冠玄袍，居中端坐，凝神抚琴，前面坐墩上两位纱帽官服的朝士对坐聆听，左面绿袍者笼袖仰面，右面红袍者持扇低首，二人悠然入定，仿佛正被这鼓动的琴弦撩动着神思，完全陶醉在琴声之中。叉手侍立的蓝衫童子则瞪大眼睛，注视着拨弄琴弦的主人公宋徽宗。作者以琴声为主题，巧妙地用笔墨刻画出“此时无声胜有声”的音乐的意境。值得我们注意的是如盖的青松和摇曳的绿竹衬托出庭园高雅脱俗的环境，主人公右边有简洁的香几，香几案上放着馨烟袅袅的香炉。正面对着抚琴主人稍远的玲珑石上放置着古鼎，古鼎里一颗类似茶花的异卉悄然静置，营造出一种清幽的氛围。画中融入的宋代雅生活元素恰如其分，互为衬托。

香器与花器的搭配，也是香与花融合的一个方面。插花的场景里偶尔巧妙地点缀几件香器具，或香炉或香插，会让插花增加静穆之感。但香器不能大于花器，同时器型和色差不能太悬殊。笔者见过有插花师直接用古朴的香炉来插以枯枝为主的花，其表现出的典雅、沧桑、古朴岁月感非常好。

香席插花也是花、香融合展现的一种方式。一次好的香席设计，离不开插花的点缀。笔者也常常在讲座和教学中，用插花装点香席。一般是顺手拈来的一枝季节花，或竹枝或兰叶插在小花瓶中，静静地放在香席上香器具的一角，使香席悄然增色。香席插花要求，不能过多、过大、过鲜艳，不然就会喧宾夺主。用材少而精雅，如梅、兰、竹、菊、水仙等一枝几叶就行，不能用过俗的花材，如狗尾巴草、喇叭花等。花器应小巧、简洁，色和质与香器一致为好。

在自然界，花是香的形态，香是花的魂魄。在人文思想表现上，也应香、花呼应，活色生香，给人以综合美的艺术享受。

《听琴图》局部

在琴音里聆听香之韵

香，是有声音和调值的。在香伴琴音中那袅袅婷婷的旋律，就是香的音律和气息。

这音律和气息，让抚琴者气韵合一，神定心静地弹奏心声，让听琴者沉浸其中，心随律动，听出余音绕梁及香韵久长。

从仲尼闻兰香而抚《猗兰操》到伯牙《高山流水》子期听，从竹林七贤抚琴长啸到宋徽宗抚琴焚香，都有一炉馨香在侧传递着琴音心弦，传递着视、听、嗅觉的美感。

琴音与香气，看似无形，却都有悄然拨动心念之力。琴、香合其韵，弦上听香，香中闻音，最美的盛宴。

香器中有一类“琴炉”是伴抚琴用的。不同于大型的厅堂焚香炉，而是小巧玲珑、精致到可以把玩。一般口径不大于3寸（10厘米以内），方便置于琴桌之上燃香。材质有铜质、瓷质、玉质等，色泽古雅不夺目，造型和工艺能彰显使用者的情趣和品位。在古风音乐会或雅集琴会或独自抚琴时，炉中一缕馨烟袅袅，琴上一曲流水铮铮，倍添风雅情致，令人心旷神怡。

琴炉的选择讲求形制文雅　通常选冲耳炉、蚰耳炉、鼎炉、鬲式炉、桥耳炉、筒式炉、竹节炉、海棠炉等。不宜选择方形炉、戟耳炉、兽耳炉、土冥器及奇形怪状的。丁月湖印香炉中有一款炉，炉形为古琴形，三层设计。盖饰刻有“但识琴中趣，何劳弦上声”，篆模字为“芳心自同”，颇具抚琴听香之意。笔者常用来做一炉“琴香”与琴师和鸣，听琴，有丝丝清香从炉中弥散，时而随琴音直上，时而婉转曼妙，那种入耳入心的感觉着实是一种情感的撩拨。往往让人欲罢不能，心心念念，之后还能久久在心神里留存，让你理解什么是“余音绕梁，三日不绝”。

琴炉的摆放　大型空间或空旷室外，适合较大型香炉燃香，单设香几摆放，香气和烟形稍浓，便于全场视觉和嗅觉感知。小环境雅集，适合淡雅小巧的小香炉，香炉放在琴边，细烟袅袅、香氛缭绕即可。

抚琴使用的香品要契合抚琴环境、季节、琴曲意境等 讲究细致而恰如其分的搭配。不是随意燃一炉浓烟滚滚、烈气四溢的香影响了情趣，更不是插三支线香缭乱了意境。一定是最好能配合琴曲和琴者的需要，适合听众和环境的接纳度，才是最合适的琴香。

一般适合抚琴用的香，应该是清远韵、沉静韵、悠远韵，不用浓重花香或脂粉气，严禁有化学添加剂或香水精油浓香。适合用天然的沉香、檀香、降真香、崖柏香或和香中的“清远香”“解忧香”“醒神香”等。夏季用爽韵，冬季用暖韵，春用升发韵，秋用收敛韵，把香气与四季养生结合。当然，每一曲换香韵是不可能的，一旦确定琴会主题，就可以适配香韵，保持整场基本不变。而抚琴自娱，就可以随心境选择香韵了。

在香器中鉴赏器之美

香炉，与香一起流芳百世，是承载香品、传承文化、体现匠心和艺术造诣的载体，是博大精深传世永存的香文化内涵之一。无论在庙堂之上还是在居室一隅，无论在书案琴桌还是在宝马香车，它都默默地与香一起或升起礼敬之意，或增添生活情趣。在香消火冷之后，又默默守候着那一缕圣洁和雅趣。

香炉，在李白眼里“博山炉中沉香火，双烟一气凌紫霞”营造出香烟之美；在李清照卧室“香冷金猊，被翻红浪，起来慵自梳头”寄托着思念之情；在高濂的书案上“置鼎炉一，用烧印篆清香”助创作思维……香炉的功用除了香附属品之外，还有其自身的文化内涵、约定俗成的使用方法、精湛的工艺及工匠精神等。

香炉按材质可分为：陶炉、铁炉、铜炉、瓷炉、玉炉、珐琅彩炉、银炉、金炉、琉璃炉、木质炉、石质炉、紫砂炉等。不同的材质有明显的历史年代痕迹，例如陶炉在汉代较多，铜炉以明代宣德炉为代表，瓷炉宋代的最典型，珐琅彩炉、玉炉明清为代表。

香炉按用途可分为：供奉炉、厅堂炉、熏衣炉、熏被炉、书案炉（文炉）、帐中炉、压经炉（也作押经炉）、行炉、琴炉、手炉等等。这些香炉形制与使用场景有对应关系。如供奉炉一般器型较大，在寺院、祖庙里多为石质和铜质，器型多为鼎式以表敬意；文炉和琴炉多为瓷质、铜质、玉质，器型小巧雅致；被中香炉、手炉都有特别的器型，便于使用。

香炉按形制可分为：鼎式炉、鬲式炉、簋式炉、奁式炉、香兽炉、钵式炉等。这些炉的形式各有特色：鼎式炉尊严而礼敬，鬲式炉古雅而大方，簋式炉复古而趣味，奁式炉简洁清雅，香兽炉富有人文情怀，钵式炉禅意十足等等。

香炉的耳也很有讲究，尤其在明代宣德铜炉器型上表现得很明确。炉的耳多

青玉藏炉

在炉身两侧或上方，展示着一尊炉的气质、气势和风韵。目前所知的炉耳大概就有五十多种，有桥耳、鱼耳、象耳、狮耳、索耳、戟耳、螭耳、夔耳、冲天耳、如意耳、连珠耳、蚰龙耳、錾耳、连环耳和凤贴耳等等。炉耳造型一方面丰富了炉身的造型，起到了美观和装饰的作用；另一方面，炉耳也有各不相同的寓意，从某个侧面表明了这尊香炉主人的身份和地位。如冲天耳的皇家气度；朝冠耳的官运亨通；桥耳的通达如桥；戟耳的安邦定国等。

在香炉的发展历史上，曾有一款形制特别，定位独特，颇具文人气质，拥有丰富文化内涵的香炉——丁月湖印香炉。这款印香炉，产生于清末（1876年前后），由南通文人丁月湖（名沄，字月湖，通州石港场人，今石港镇人）参考之前简单的方盒式或圆奁式印香炉，精心设计，金工巧匠加工而成。现南通博物苑有十余款老炉，其形制和文化寓意颇丰。

丁月湖印香炉的结构是融“炉瓶三事”为一体，把宋代以后逐渐成套香炉、香盒、香箸瓶合为一件多层共融的印篆香炉。炉体为数层组合：上层为印篆层，平时贮以香灰；中间一层用于贮放香屑；下层放香具（压板、小铲子、小刮刀）；最上面覆以镂空盖子。炉造型十分丰富，有圆、方、长方、秋叶、海棠、菱花、如意、瓜、古琴、古币、花瓣、瓶、钟、梅花、竹节等百余种。其炉体大的直径达23厘米以上，小的直径仅7～8厘米，均由黄铜和紫铜制成。其便携性和印香的便捷性也非常适合当今快节奏香生活应用。

香炉盖和篆模有着浓厚的文化气息及艺术品位。如：炉盖刻有“竹解虚心是我师”“春暖墨融河北纸，夜深人试海南香”“竹报平安”“右丞画意素师书”“瓜瓞绵绵”“如是我闻”“珠联璧合”等镂空文字，篆模刻有“虚心”“芳心自同”“几生修得到梅花”“姻缘一线牵”“直上青云”“云鹤”等一笔到底的文字。其文化内涵丰富性是历代香炉所不具备的，堪称文人香炉的典范。这些印香炉皆有1：1图片留存，编辑在《印香图谱》中。该书曾散失百年不曾传播，笔者2017年有幸在南通博物苑阅此古籍，与博物苑馆藏十余款清代丁月湖印香炉对照品鉴，深感震撼。

丁月湖
印香炉

第五章 香品——香品即人品 品香品生活

品香，既是对香的品鉴、欣赏，又是深度感悟和启发，不只是用嗅觉认识和接受香气的“闻香”。苏轼称品香为“鼻观”，“不是闻思所及，且令鼻观先参”（苏轼《和黄鲁直烧香二首（其一）》），就是通过鼻嗅的感官体验，参透事物深层次的内涵，达到思维与理性的认知，进入更深层次的体验。

当代品香，是对香材和香品的品质、气韵、香性、功能的分辨，也是对香所蕴含的品格、精神、文化内涵等深远意义的探索发现与肯定传承。

嗅觉初级：只留于对气味的好闻或不好闻的感知，得出喜不喜欢的评价。

嗅觉晋级：分辨出香气的浓淡和层次，得出先闻到再闻到后又闻到各阶段不同的评价。

体感初级：感受到香气通过嗅觉后的走向——向上或向下或向某个部位，得到香气入体走向的评价。

体感晋级：香气通过嗅觉后走到身体某个或几个部位，给这个部位带来舒服或不舒服的感觉。

身心参与级：用身体和意识同时感知香气，得到或兴奋或安静或欢愉或清净的心理暗示。

神志感悟级：因香气触发联想，因联想而得到启悟，因启悟而明白事理，因明白事理而坚定意志。

香品丰富有类别

倘若生活中去燃一支香、熏一炉香，或佩戴一个香囊、沉香手串，这些大多是由天然香材制作或多种香和合而成，它们称为香品或和香。大部分原香材不能独立成为香品，丰富的花卉香和草本香原材，刚采摘新鲜时非常好闻，但时间久了就失去香气，燃烧起来烟气大于香气，必须与其他香和合在一起才能够成为香品被储存和使用。单一香材能制成香品的仅为少数木本香，比如沉香、檀香、柏香等。

原香材经过炮制加工或和合成型成为香品。或者说，香品是可以直接使用的成品香。自古至今，生活用香多用成品香，可直接使用、储存、携带。

传统香品类较多，使用方式也不相同。

按香品组成的成分可分为：单品香与和香

单品香也叫单方香，是由一种香材制作而成，不加入其他成分，或除天然黏合剂外不加入其他香材香药。

和香，也称合香、和合香、复方香。它是指两种以上香材（香药），按一定的配比原则及和配方法，制作而成的香品。

和香有：古方古法和香与现代和香

古方古法和香是严格按照典籍里古方谱的香材种类、重量比例、炮制方法、和合时间要求完全复刻，使用方法也不宜改变。现代和香是以古方为基础辨方，重组或完全按照当代需求选材、拟方、炮制、提取等制作的香品。

古代的和香按照不同的和配方法和使用环境及功能，又可分为几种类型，这里以明代周嘉胄的《香乘》为例。

法和众妙香：用各种巧妙的和配制作方法制出的香，名称可以表明其使用地点和目的。如宫中香、帐中香、衙香、闻思香等。

凝合花香：模拟各种花香的和香，大多数香方里并没有本花香材，是通过运用其他非花香材按一定配方比例和合而成。如“梅蕊香”“杏花香”“芙蕖香”“笑兰香”等。

熏佩之香：主要用于熏衣、佩戴，使衣物染上香气的香。有焚熏的，有佩戴的。如“荀令十里香”“蔷薇衣香”“贵人浥汗香”等。

涂敷之香：用于涂敷身体、面部，以达到美容、美体的香。如“敷身香粉”“八白香”“乌发香油”等。

印篆诸香：用香拓、香篆把香粉香屑规范，有序点燃焚熏的香。如“资善堂印香”“水浮印香”“宝篆香”等。

口服香：有明确治疗养生功能可内服的香。如“丁香煎圆”“木香饼子”“豆蔻香身丸”等。

当代和香直接按照香品的使用方法分类。

佩香类：佩戴在身上、器物或空间里，不预热就能常温状态出香，可以清闻雅赏的香。如：香囊、香牌、香手串等。

燃香类：用明火焚燃，既能闻香又可赏烟型的香。如线香、篆（印）香、盘香、塔香等。

熏香类：无需明火点燃，而是用隔火熏或电熏让香预热出香，“但令有香不见烟”的用香方式。如隔火香丸、电熏香丸（饼）、和香屑等。

喷洒涂抹类：液态或膏状，用于涂抹喷洒在面部、身体上的香芬。如香水、精油、花露、香膏等。

古今和香虽然分类方法不尽相同，但和配的原则却没有变。多种香材按比例和合而成，如同中药配伍一样，遵循君、臣、佐、使（或主、辅、佐、使）的和合原则。其目的是，避免单一香品的偏性和副作用，众香和合，取长补短，和而不同，协同作用而突出主香韵或主要功效，同时使香气变换丰富而有层次。常用的香品多为和香。

和香有着悠久的历史，从春秋战国时期就开始和合调配使用了。屈原的“扈江离与辟芷兮，纫秋兰以为佩”就是将离草（蘼芜）和白芷、佩兰一起和配成香囊，应该是和香最早的记载了。汉代丝绸之路开通以后，从西域和海上输入的珍贵香料，丰富了我国原有草木香品种，多种香料和合出一种有丰富香韵、功能与适用场所明确的和香，成为主流。如《香乘》记载的首个和香方“汉建宁宫中香”就有14种香材，其中包括沉香、乳香、苏合香等珍贵香材。《汉武帝外传》也记载汉武帝在迎西王母的时候“修除宫掖，燔百和之香……以候王母降。”“百和之香”就是多种香草和合成的香。之后经隋代和唐代佛、道、医、文人不断应用和完善，和香形成规制，类别日渐丰富。到了宋代和香应用达到高峰，从宫廷贵族到街巷市井，从文人雅士到平民百姓，无不用香。宋代留下的和香典籍、谱录不胜其数，如陈敬的《陈氏香谱》、洪刍的《香谱》、叶廷珪的《香录》和《名香谱》都记载了大量的和香方剂。许多名方流传至今。

当代随着香文化传承，和香应用不断发展，和香的品类也不断增加。香品以更加丰富的方式走向生活，并给生活带来更多的乐趣。

古今和香产品

香品如人自高下

香品有类别之分，更有品位之分。

你总会遇到一些香，一闻就喜出望外，想继续品闻探究，想深呼吸记住它的好。而他也如一位智者，领你去更遥远的地方。

你也会遇到一些香，初闻很平淡，再闻却深深被变换的韵味吸引。犹如一位有阅历而深沉的哲人，似乎在告知你一些道理。

有些香宽厚而包容，有些香清丽而绚烂，有些持重，有些飘逸，有些悠远……

你当然也会遇到一些香，无论怎么品都无法调动你的嗅觉，寡淡或杂乱莫名。

还会有一些香，到鼻端便生厌，呼吸一次便弃之而去。

香有高下优劣，有形色各异。一款香，有其香，优其质，具其品，才是好香。

我们先看看用香鼎盛的宋代怎么评价香。丁谓在《天香传》中评论大食（阿拉伯帝国）沉香与海南沉香说：大食国的沉香“视其炉烟蓊郁不举、干而轻、瘠而燋，非妙也”。即大食国产的沉香，香烟虽然浓厚却不向上，干而轻飘，贫瘠而焦燥，并不美妙。而海南沉香“高烟杳杳，若引东溟，浓腴湒湒，如练凝漆，芳馨之气，持久益佳”。即香烟袅袅入云，幽远飘渺，仿若连接入东海仙界，烟气浓厚滋润，如同飘舞的银练和凝聚的生漆，芳香幽远，越持久越好闻。这段论述对比出了沉香品级：烟形轻袅悠远，气韵润泽清雅，留香持久为高品。

香圣黄庭坚对和香的品位也有评价，他说“意和香”为“清丽闲远，自然有富贵气”，又评论欧阳元老“深静香”说“此香恬淡寂寞，非世所尚”。看来黄庭坚也认为香气“清丽闲远”胜于“恬淡寂寞”。

宋人对香的认识和评论基本奠定了日后文人对香品的评价准则，实际也是大多数人嗅觉喜好标准，又是以香拟人的标准。

人们认为香的气韵犹如人的品行：

清雅者，不媚俗，能洁身自好、低调清透，让人久闻，亲和而窃喜。

悠远者，飘逸、细腻而丝滑，能引嗅觉追逐而驰往。

通透者，如破空而来，入鼻而通体有感。

沉静者，入神入心，淡定而从容。

刚烈者，勇猛而精进，突如其来有摧枯拉朽之势，振奋精神，坚定意志。

欢悦者，讨喜而律动，如精灵舞动，挑动你七情六欲。

柔和者，丝丝抚慰入梦，梦而不愿醒来……

高手制香，必合其品。不合品、不入品者无品位。

选香用香之人，必懂品。不懂品者，面对纷纭之香、纷纭之说，会迷茫无从，如入瀚海寻一鱼而不能。

香品

香品的基础是“真品”和“正品”，而并非“次品” 真品香用真材实料，绝不以次充好。功能及香材与说明书上的配料表一致，品级相同，不偷工减料。制香如制药，学习北京同仁堂的古训：炮制虽繁必不敢省人工，品味虽贵必不敢减物力。这也是制香之人应该遵循的宗旨。

正品香，是一批香中的优质产品。在工艺过程、窖藏时间上符合要求，无瑕疵、无残次，包装严谨无疏漏粗弊。同时香气正、香韵和，无杂气晦暗感，经得起反复推敲，表现力完全符合研制目标。“芳香者，气之正，正气盛则除邪避秽也”（徐灵胎《神农本草经百种录》）。对香品要求“气正”“韵正”，主旨明确，功能明确，才是正品。

次品香，配料和制作过程出现失误或实验没有成功就出品销售的香。包括用料不纯，制作工艺粗糙，晾晒发霉变质，化学类添加，或者用料以次充好，扩大香品用途和使用范围，过度功效宣传名不副实，气韵杂乱不分主次等。

当今某些制香人，滥用典籍香名却不按典籍制香之法做，把创新香说成古方古法香，用香者不辨真伪，造成鱼目混珠现象。

如把“江南李主帐中香”炒作为“鹗梨帐中香”，制成线香，还标榜是古方古法。且不说关于“鹗梨”是什么梨，制作过程有几种，硬是把典籍中的散香、香丸、香饼做成明火点燃的线香，不遵古制，滥竽充数。

附：《香乘》（钦定四库全书.中国书店2014）典籍中的四款“帐中香”：

江南李主帐中香

沉香一两（剉如炷大），苏合油（以不津磁器盛），右以香投油封浸百日，爇之。入蔷薇水更佳。

又方一

沉香一两（剉如炷大）、鹅梨一个（切碎取汁），右用银器盛蒸三次，梨汁干即可爇。

又方二

沉香四两，檀香一两，麝香一两，苍龙脑半两，马牙香一分研，右细剉不用箩，炼蜜拌和，烧之。

又方（补遗）

沉香末一两，檀香末一钱，鹅梨十枚，右以鹅梨刻去穰核如瓮子状，入香末，仍将梨顶签盖，蒸三溜，去梨皮，研和令匀，久窨可爇。

没有一个方谱是要做成线香的。因为宋代这个时期尚未出现“线香”。所以，当今充斥市场的这款线香，不属于古方古法香，而是创新香。如若和配得好，就叫“今韵鳄梨帐中香”也无妨，不可拿“古方古法”邀宠。

香品的底线是“无化学添加”的纯天然 生活用香的目的是养生，只有纯天然的原材料制成的纯天然香品才能实现。所以，首先要保证做香品时使用的香原材料必须是纯天然而有益健康的。提倡原生态、纯天然道地香材，作为制香的原材料，拒绝化学添加剂。

精心选择纯天然、原生态的香材，保证香材本身的性味特点不变，香气纯正，养生功能明确。目前，采集香材、香药没有统一渠道，散在药材市场、香料市场、茶市场，甚至香家手中。在这些市场购得好的香材，需要经验和辨识水平。

选购天然香材，一般需要眼看、手摸、鼻闻、口尝、火试、水试、综合比较（五感六识法），再加上平时经验判断，才能选出真正好的香材。对稀有和贵重不常见的香材（尤其对初学者），更要精心挑选。如，沉香，目前市场上鱼目混珠、良莠不齐，商家价格区别也很大。根据香品目标需要，气味好，具有明显减压、祛躁、养心功能的单品香，必须选择油脂含量在20%以上的沉香。同时还要注意结香部位和香材形态，壳子稍便宜但杂质多，油皮或边角料多有混杂，优劣不等，有时需要一块一块挑选，上火品闻，上水浸泡样品，才能把有黏胶的、压油的挑选出来。稍有不慎，就可能选错了料。符合做养生香的原香材，可以参考中药材选择标准和检验方法，但又要有香材的突出特性——香气特点。因为香是凭嗅觉品闻而达到养生目的的。

成品香选择难度更大，因为香材经过炮制、和合、加工后会有综合香气，在综合香气中辨别出纯天然而不含化学添加剂更需要经验和方法。当然，对于不同类别成品香，从佩香到燃香再到熏香，辨别有无化学添加剂的方法各不相同，但有一点是共同的，那就是对香气的感觉。天然香或浓或淡，都是有层次和灵动飘散的，而化学香有浓重、单一、不走散的感觉。对于有少量化学添加剂的香，初判断确有一定难度，需通过细节逐一分析，掌握方法，经常品闻天然香，建立嗅觉感知经验也很重要。

线香一炷可偷闲

线香，“成条如线”便于携带和品闻。当代几乎所有爱香人，都是从认识和使用线香开始入门的。但历史上线香较之篆香、隔火煎香、香囊出现的晚得多。

当宋代苏轼与黄庭坚唱和着“一炷烟消火冷，半生身老心闲”、“一炷烟中得意，九衢尘里偷闲”的时候，国人用香才由香屑、香丸、香饼发展到了“香炷”。“炷香”是“线香”的前身，是用手工搓制或剂筒挤成如灯芯一般的粗条，苏洵诗句“一丝吐出青烟细，半炷烧成玉箸粗”（《香》）明确炷香犹如筷子般粗细。

随着制香工艺的进步，制香工具的发展，香粉碾磨得更细，挤孔更小，便可以“成条如线”，于是有了“线香”，也有叫“香寸”“仙香”“长寿香”等。明代李时珍在《本草纲目》中记载：“今人合香之法甚多，惟线香可入疮科用”，并记载由白芷、独活、甘松、三奈、丁香等十几种香材碾成粉末，榆树皮做黏合剂用唧筒“成条如线”的药香方剂。

线香的出现，让用香更加方便。只要随身携带小小的一桶或几支，便可点燃闻香、伴读、礼佛、计时等。

直到今天，线香也是香品市场上占比最大、使用最广的一类香品。

线香看似简单，但真正选好一支香，用好一支香，让香走进身体，走近心灵，成为有益的滋养，并不简单。

首先，分辨化学添加香与纯天然香

可按照以下步骤分辨：

① 打开包装清闻：是否气味浓重、刺鼻或成团状不走散，尤其是标为“沉香”“檀香”的线香。如果清闻就有这些感觉，初判就是添加化学气味剂的线香。

② 打开包装看色泽和质地：色泽艳丽或质地过于细密光亮，不是芳香植物原本的自然色及自然颗粒感哑光，说明黏合剂或香粉有化学添加。

③ 取出一支线香，用火苗或其他热源稍加热而不点燃，看香体是否弯曲，点燃后闻是否有异味或浓重刺激味。弯曲并有异味说明黏合剂为化学黏合剂。

④ 点燃线香，观烟：烟浓重不通透，或香灰焦黑结团，说明有化学添加。

⑤ 摸香灰：纯天然香燃完的香灰微热，细腻无颗粒感；化学添加剂越多，香灰越烫手且有颗粒感。

⑥ 观香燃点：纯天然香燃烧平稳匀速；添加助燃剂的香燃点处有跳跃火星或忽然明灭。

辨香是选香的第一步，选择到适合自己的香，品鉴赏析，让身心享受这一支香的好，才是目标。

其次，品香

一支上好的线香，需要你细细品味她的美。

一赏烟云。线香初燃，烟云袅袅婷婷，时而盘旋，时而飘逸，时而又笔直向上。眼观烟云，心随境转，慢慢放松下来，专注于当下。

二品香韵。一缕馨香飘来，慢慢深呼吸，品一品是清幽、通透，还是厚重、包容，也许是清雅、宁静。

三感走向。感受一下香气入体后是上扬，还是低沉；走向是宽泛、包容，还是穿透、悠远。

四觉心情。感知一下自己是喜悦舒畅，还是宁静松弛，还是神清气爽……

五寻余味。一支香燃完后，走动一下，寻一寻空间的留香和余韵。是否香气还悠悠地飘在周围，抑或随风散去，鼻腔却有余韵回旋留恋。

赏烟线香

这是一支线香释放自我的过程，也是你吸取能量滋养自我的过程。此时烟消云散是否放松了紧绷的神经？此时馨烟袅袅是否赶走心中的不快？倘若在一炷香里有了浅浅的舒适感，偷得一刻闲散，这便是香带给人的美好。这个品线香的过程，同样也适合于其他燃香的品鉴、品赏。惟愿爱香者都能选得好香，并被好香滋养。

篆香明灭喻人生

篆香，也叫印香、拓香、打香篆，是传统用香的常见方式之一。

用香篆在香炉里把香粉末规范成一个连绵不断的图案，点燃图案一端后按顺序燃完，为一炉香。规范香粉的模具称“香拓”、“香篆”、“香印”或“香模”。因为最初是在木板上刻出的镂空篆体汉字，如篆体字福、禄、寿、喜等，香粉导入字的镂空中，在香炉里印出一个立体的篆字，所以叫作“篆香”。

宋代香家洪刍在《香谱》里记载：“镂木以为之，以范香尘为篆文，燃于饮席或佛像前，往往有至二、三尺径者。”即是说篆香的制作与功用。做一炉篆香的过程，就是“打香篆”或“打篆香”。

篆香

篆香起源于唐代。唐代诗人王建《香印》“闲坐烧印香，满户松柏气”，描绘了文人书案燃一炉松柏印香满屋飘香的情景。宋代张经《潇湘八景诗·烟寺晚钟》“野烟寺初暝，僧添宝篆香”，陆游《北窗睡起》“杏梢红湿昼初长，睡过窗间半篆香”体现的是篆香计时的作用。清代纳兰性德的《清平乐·孤花片叶》“寂寂绣屏香篆灭”抒发了宫中看香篆明灭的孤独感。清末南通文人丁月湖把篆香炉具改进成精致、便携的多层一体“印香炉”，编纂《印香图谱》，让金工制印香炉，更是香史上对篆香用法的升华。

长河悠悠，光阴荏苒，袅袅篆香曾濡染了书香，芬芳了时间，也抚慰过孤独。

在当代，篆香也是香文化生活最为常见的形式，应用广泛。

篆香可以以香艺形式展现并品赏。施香者以略带艺术感的规范展示，自己享受其中，观赏者也会沉醉其中。

香主身着中式服装，香案上置香炉、香盒、香瓶“炉瓶三事”或多层印香炉，配以精致插花，古琴音乐背景。

在典雅、静谧的中式环境中，香主慢慢理灰、压灰、扫灰、入篆、填香、起篆、赏篆、燃篆，然后传给嘉宾慢慢品香，配合香文化解说词，颇有仪式感和艺术美，把传统篆香的美与赏香、品香结合起来，养眼、养鼻、养心。

篆香可用来修心养性，用做一炉篆香的过程让自己的心情平复下来，减压、祛躁、放松身心，在自娱自乐中闻香养心。

理香灰犹如理心境，香灰顺则心情顺；

压香灰犹如压浮躁，香灰平则心性平；

扫浮灰犹如清洁心，香炉洁则心纯净；

入香篆犹如请美好，篆意美则心境美；

填香粉犹如加能量，香气正则赋能多；

起香篆犹如安心神，篆形好则无焦躁；

燃篆香犹如燃希望，香烟起则希望升；

品香韵犹如品美好，炉香满则助平安。

整个做篆香的过程就是平心静气、修心养性的过程，是调理自我、安抚自我的过程。凡如此做过篆香，无不偷得片刻宁静，安顿了自己的心情。

篆香品香可用养生香。单方香可用沉香、檀香、柏香，也可用和香（复方香），功能明确，作用显著。当香篆点燃，馨烟袅袅，香气缭绕之时，鼻观香芬沁人心脾，眼观馨烟身心轻袅，压力、焦虑、烦躁在这一刻烟消云散。

篆香赏篆可得启悟。这香字图案燃烧着、释放着、泯灭着，明灭之间便成香尘。犹如曲折的人生奋斗着、奉献着、失去着并获得着，在得与失之间又有着怎样丰富而难忘的生活呢？为社会，为家庭，也为自己。

煎香一炉品古今

煎香也叫隔火香，是一种雅致的品香方式。"但令有香不见烟"、"兽焰微红隔云母"式的闻香。这种闻香方式盛行于我国宋代，从达官贵族到文人雅士无不把它当做"四般闲事"之首，与品茗、挂画、插花并称为风雅之事。

隔火煎香当时多用于雅集、雅会、香席，也是当今日本"香道"的源头。要求在品香炉中埋碳、塑灰、开火孔、放香丸或香饼或香屑，然后慢慢传递、品闻、鉴赏，并在品闻后抒发自己的感受，写成"香笺"。刘良佑在《香学会典》里写的"净心契道，品评审美，励志翰文，调和身心"，既是对香席品香的感受，也是对香会目标的总结。

隔火香品香时，对香炉和香材都要求较高。

香具材质以瓷炉为佳，没有异味。器型应为深腹高颈，大小要能够把握在手中，不宜过大也不宜过小。鬲式炉、尊式炉和奁式炉较为多用，口径一般6～8公分为宜。

所品香材以名贵沉、檀、降或经典和香丸、饼等为佳。一次香会不超过五种香。

香会品香讲究礼仪、礼节、规范，一般参加者为有香学修习基础者，香主为资深香家或有足够的用香经历者。香会要有文雅的邀约，最好是书面邀约，仿古书法请柬。赴约者需着正装或中式服装入席，座次按尊者或年龄上座，依次从左往右。香会前有盥手、净心环节。传递香炉品香过程安静、内观、静思，写香笺（感想）。

当代香会比较灵活一些了，但应有的规范仪礼也是必须有的。比如对服饰要求，对习香基础要求，静心环节，香笺环节都要有。也可以采用充电香炉品香，香笺用硬笔书写也是可以的。

香会品香的关键是，通过一场精心组织或应邀参加的闻香体验，以香为媒介，真正感知到了什么。

可能感知到了香品之美。每款香预热以后，从香炉里散发的缕缕清香是你平日里不曾闻过的气息，而且这气息随时间推移由头香转为中香，然后有尾香回韵，这变换挑动着你的思绪，似曾有过，又充满未知的探索。

也许在这种静谧的品香内观过程中，某一缕香触动你某一种情感，让你思绪翻飞，让你豁然开朗。

隔火品香

品香案例【唤回母女深情的清远香】

有一次品香雅集中，来宾围坐香案周边，满有仪式感地按顺序品过沉香、檀香、降真香原材，闻香不语，只有默默的恭敬传递和室内悠悠的琴声。当品闻最后一味古法香丸“清远香”时，其中一位来自湖南的女嘉宾第二轮闻香时却禁不住流泪，几近哽咽难耐。我怕影响香席气氛，悄悄带她离席问其情况。才得知，她在这味香中闻到了极熟悉的一种香气，而这种香气很像她老家房后田地里的一种莎草根的气味，突然想起了妈妈。童年时妈妈为了庄稼长得好，从春末到秋天，总是背个锄头去除草。那被她锄掉最多的一种草，放在田埂上，根系长着一个个褐色雀舌样小果。妈妈说，这草最难除掉，还吸收庄稼养分，所以看见就要连根拔。她也曾放学后帮妈妈除草，并把田埂上的草根用脚踩碎，那草根总发出奇怪的药气似乎对她报复。此刻想起妈妈，是因为她谈的对象妈妈不同意，她不理解妈妈劝说，竟然在北京长居一年没回湖南看妈妈，也很少和妈妈联系。这香气，让她突然想到了妈妈的艰辛和不易，想到了妈妈对她的爱和劝告，似乎突然理解了妈妈的苦心。于是决定要尽快回老家看望妈妈。

我知道她闻到的是“香附子”的气味，是香中这熟悉的气韵，唤回了她的记忆，唤醒了她的理智，我相信也一定能唤回她们母女间更深的爱。

佩香清闻可雅赏

香品中有一类既可观赏把玩，又能够品闻雅赏的香——佩香。佩戴在身上是装饰品，放在鼻端是香品，不用点燃，无需预热，自然常温下就可以出香。也是自古就有，惹人爱怜的香品。

汉代“四角垂香囊”是它；唐代“太真香囊子”是它；宋代在“宝马雕车”里飘香的是它；明清挂“御赐养老牌”还乡（香）还有它；当代它又在腕上、在腰间、在拎包上香着。这香囊、香球、香牌，甚至香珠手钏都属于佩香。既装点了生活，又芳香了心情。

赏佩香，先要赏形制之美。佩香和其他的配饰一样，首先是搭配服饰，装点器物。外形的典雅和精美是第一要求。当代佩香中，香牌、手串和挂饰多种多样，有原香材雕刻的，也有和香塑形的，与中式服饰或禅服配搭出优雅古朴和禅意。

佩香更要求香气的作用，这是区别于其他饰品而更具有养生价值的标志。哪种香适合哪些人佩戴，佩戴在什么部位，什么时间佩戴，也是颇有讲究。例如醒脑提神作用的香佩要白天佩戴，不适合挂卧室；减压助眠的香佩适合家里，不适合挂车里；养生的香手钏适合戴在左手腕等等。

佩香的品质在于留香时间的控制。季节性佩香留香时间不长，约三个月。如春天防流感、夏天防蚊等香佩都是在当季用过就不用了，所以要求香者掌握好香浓香时。长期佩戴的如有安神静心、醒脑启智等作用的，留香时间则可以加长。

佩香也是身份和情怀的表达。如古时士大夫佩香以表正念与志向，如当代沉香从业者必佩戴一款自己认为能显品位的沉香，如爱香弄香者常佩戴一款自己和香配制的香牌。是标志，也是情怀。你观其人，闻其香，便“闻香识人”。

附：古法龙涎香珠配方

大黄一两半，甘松一两二钱，川芎一两半，牡丹皮一两二钱，藿香一两二钱，柰子一两一钱。

以上六味并用酒泼留一宿，次日五更以后药一处拌匀，于露天安顿，待日出晒干。

白芷二两，零陵香一两半，丁香皮一两三钱，檀香三两；滑石一两三钱（另研），白芨六两（煮糊）；芸香二两（洗干另研）；白矾一两二钱（另研），好栈香二两，椿皮一两二钱，樟脑一两，麝香半字。

圆晒如前法旋入龙涎、脑麝。

香珠、香牌、手串等

沉香一味惹人怜

自古以来，人们对于沉香的喜爱和追逐，排在众香之冠。作为一味单品即可成香，无需任何雕琢就能“一片万钱”价值连城的香材，既是贵重香药，又是珍贵香品，资源紧缺，全球追捧，锱铢必争。当然也是最耐人寻味，永远也品味把玩不够的香。

沉香从结香的那一刻起就注定不凡——受伤而结香，历尽苦痛方成正果，是因伤痕而升华、化腐朽为神奇的典型代表。这一品质被多少仁人志士、文人雅士和佛道医儒探寻、歌咏并利用，具备香品中极少数“未成曲调先有情”的吸引力。

沉香因不同地域、不同树种、不同结香时间、不同结香方式甚至同一棵树不同的结香部位，香韵都会有所不同。我国自古把沉香分为国产香系、惠安香系、星洲香系。日本也有“六国五味”之分。当代专家们综合各地沉香香气共性特点，分为四大类型：凉、甜、奶、辛。

凉香：有清凉、生凉、酸涩等。

甜香：有清甜、花甜、蜜甜、奶甜、浊甜等。

奶香：有乳香、果奶香、油脂香等。

辛香：有椒香、麻香、药香等。

同一块沉香的香气也会因不同阅历的人品闻而异，因心情环境不同而不同，因季节和所处地理位置不同而又有所变化。沉香的神奇也正在这里。

曾有一位马来西亚的学员，他负责在蒙古国的矿产公司的管理工作，每次从北京转机，总会带马来的沉香来我这里品鉴，然后留一些香品在北京。当他从蒙古国返回马来西亚又在北京转机时，再和老师一起品闻留在这里的沉香，发现经过三个月或半年以上的同一块西马沉香，竟然少了许多杂气，变得纯正清悠，有了惠安沉的香韵甚至琼香韵，虽然重量也减轻了不少。他没有想到地域和气候对香的影响如此之大，于是开玩笑说：“我的香在北京师老师这里放几个月就增值了。”

品沉香，品气、品韵、品精神。

如果你见过原生态已结香的沉香树，你会对它并不繁茂的枝叶肃然起敬，这是它已经被伤口多年的苦痛折磨的状态，要么是伤疤累累棕黑而深沉，要么是虫洞满身正经受虫蚁撕咬。这些场景在香农眼中是喜悦，在品香者的眼里是惨烈和伟大，一块好香就是被这样日积月累孕育出来的。

经世沉香，会承载着许多自然和人文的信息。你如果在博物馆或名家藏品中，遇见过传世沉香山子、沉香笔筒、沉香杯、沉香朝珠、沉香饰品等等，一定要悉心品赏这些传世真品的美，那质地依然传递着百年神韵，那精工依然彰显着珍贵，那香气隔着展柜似乎还向你透露着信息。笔者2019年在台北故宫博物院参观“天香茄楠”展时，曾被这些旷世精品而深深地吸引和震撼。

台北故宫博物院
藏香

沉香的气韵，也如它内敛的品质一样，生闻（不预热）时并不是香气扑鼻或美妙绝伦。相反，大多数沉香在常温状态下出香很淡，没有经过品香训练的人几乎闻不到气味。只有少数沉水香或奇楠级别的，在常温状态下才能发香。所以，在品沉香的那一刻起，就要求静心、沉着，有恭敬心。恭敬大自然神奇的造化，恭敬沉香树历尽磨难和痛苦经过几十年上百年才能结出的这块好香。

品沉香气韵，最好使用隔火熏香法或可控温电子品香炉熏香，不点燃香材就不受焦气烟气干扰，更能品鉴出香韵变化和气韵之美。你会被它初香的辛、麻打动，打开嗅觉和心神之门，任它进入你头脑、心肺甚至丹田。你会沉迷于它浑厚而灵动的中香（本香），凉甜？奶甜？果香？花香？大海般宽阔的韵调还是高山般仰止的维度，还是清溪涧、草原上、花海里的感知？你会感动香韵变换的奇妙。你会在香消火冷处寻寻觅觅它的尾韵，丝丝缕缕让你留恋。还会在几个小时内，每一呼吸都有它的味道，不单是在那品香的空间，而是在你离开的途中，在你返回的家中，甚至在你睡眠的枕边悄悄陪伴。

曾在广西玉林一个香文化主题酒店里品过一款奇楠香，使我这位以研究和香为主，视奇楠如众香的人第一次闻这么神奇的香，整个过程沉浸其中，心随香境，竟然美妙灵动到不可言传。

幸有几个资深香家同品，香会后，南宁一位常品沉香的香友，以深刻的体验和细腻的笔触写下品香感受，录来以飨读者。

赏香清闻：初闻原香材底部清、甜、雅、透；刮下油脂不明显位置细闻，药香和甜果蜜香突出，口中生津，直入心肺，让人清心凝神；再切油脂丰富部分生闻，浓郁的药凉甜蜜扑鼻而来。

深吸，由鼻腔凝聚的香韵气息弥漫而上，瞬间眼神发亮，心肺暖中带凉，让人如稳坐溪边听潺潺流水，委婉道来。

或许是整块香材受外界不同层面的打击，加上醇化程度不同，生闻的香韵醇厚与清透间各显风骨。细切油脂部分，黏刀呈卷，入口咀嚼内敛甘甜中苦韵味相伴，喉韵的凉意与舌尖辛麻感形成了深邃的风骨感。津液随着咀嚼也越发的明显，满口甘甜生津。当咀嚼化为乌有，只留香韵让人寻味……

上炉品闻:（用的是高端电子品香炉）

调温71℃，初香钻鼻的清甜香韵带着丝丝凉意，加之细腻悠深的果香味，由鼻腔往下到心肺，直达丹田。满口生津甘甜，与幽幽缕缕的凉意让人清透自在。

加温85℃，本香气韵上稍显乏力，香韵甜韵美中不足，稍夹些杂味。也许是这块香长期暴露在阳光和风雨中，时间久远，腐朽表面油脂风化而造成，却增加了它的沧桑和阅历感。

升温至100℃左右，凉味、乳香、果香伴随而来。生杏仁味突出，凉意伴随丝丝咸味。

或许是醇化的木纤维完全褪去，满油脂的香气韵也有不同吧！

升至120℃，凉韵和杏仁味更有风骨，下入丹田，上透鼻腔，喉间的清凉感连着心肺，似有一修行老者慈祥和蔼地娓娓述说着人生阅历，似有曲水流觞般委婉而有深度。后背暖暖的，手心微发汗，整个身心体感清明。

尾韵深邃绵长、微咸，苦杏仁油脂味、甘、甜。

评香：这是一款发人深思的黄奇楠沉香。香韵不像绿奇的穿透力、扩散力来得那么直接让人心花怒放，也不像紫、黑的苦凉、药香味来得迅速。有类似白奇尾韵的深邃迷人自在，但不骄不躁。

从它初香、本香、尾香的发香阶段持久，扩散力、凝聚力强，展示着它不同阶段性的特性与内质品性。有令人感动的气韵，也有美中不足之处。那是岁月留下的痕迹和风雨雷电的见证，闻得到树木不断磨砺和突破，闻得到沉淀时光的穿越。

我们接受、欣赏香的美，也接受和欣赏香的不足之处，这是自然的本性，也应该是人的本质。不足不是欠缺，恰是岁月打磨的影子。人生不也是唯有不足才更追求完美的吗？

品沉香

最是和香耐品鉴

和香也称合香、和合香、复方香，是多种香材、香药，按照一定的比例及方法和合在一起，形成一款新的香品。和香是其中所有香材的香性、香气、香功能的和合，是有共同目标的协同作用之和，既要有主题格调、主体作用，也要有不同韵味及辅助作用。

中国和香其组方不只是简单的香气相加，也不是有意的香料叠加，更不是一个简单的和合过程。而是讲究气韵的协调，香性的互补或差异，有协同作用和共同目标等。所以，中国的和香称“和”香更为恰当。因为“和”有和谐、和美、和平、和乐、和气、和合之意，这正是中国和香所蕴含和要达到的目标。

中国和香自古就有了一系列的方法和规制，比如宋代陈敬《陈氏香谱》有：“合香之法，贵于使众香咸为一体。麝滋而散，挠之使匀；沉实而腴，碎之使和；檀坚而燥，揉之使腻。比其性，等其物，而高下，如医者用药，使气味各不相掩”，指出了和香目标是：众多香材都成为一体，达到气味各不相掩，是基本要求。而为了达到这一目标，就应该把不太好和在一起的香材进行“挠”、“碎”、“揉”，还要根据其香性、气韵浓淡、强弱，如同中医用药一样谨慎。同时，对香材的炮制也根据不同香方需要而采取不同方法，为香材纠偏、提香、增加功效等，方能进行和合。

中国和香配比讲求的“君、臣、佐、使”原则，也如同医者用药。辨主次、明香理、组架构、讲协同，方可组方和香、试配、试用、成方。制作后还要窨藏、陈化。所以，一款好的和香，是综合了和香师对香材、人文、和香技艺等全盘的掌握并对用香者足够了解的前提下才能和好。有言道：“和香者，和其性也。”这是说，和合香材之性，也指和合人性之性，即和香者自性——能力、心性、人品等。

品中国和香，不同于品单品香。既要品和香之气，也要品主韵、次韵走向，更要品其人文含义，品其蕴含的精神气质。

对一款古方古法和香的品鉴，首先要品这款香是否遵循了古制或领会了古制目的而进行和配制作的。如果没有从根本上了解古制意图，简单模仿传抄方谱就去制作，那香韵和目标一定不能达到古韵。例如，古方香“韩魏公浓梅香”与“梅蕊香”，同样有“梅花香”的主题，但和香方不同，表达的韵味和精神气质也大相径庭。

韩魏公浓梅香香方：

黑角沉半两、丁香一分、腊茶末一钱、郁金半分（小麦麸炒令赤色）、麝香一字、定粉一米粒（即韶粉）、白蜜一盏，右各为末，麝先细研，取腊茶之半汤点澄清调麝，次入沉香，次入丁香，次入郁金，次入余茶及定粉，共研细，乃入蜜，使稀稠得宜，收沙瓶器中，窨月余，取烧，久则益佳，烧时以云母石或银叶衬之。（录陈敬《陈氏香谱》）

梅蕊香香方：

檀香一两半（建茶浸三日，银器中炒令紫色，碎者旋取之），栈香三钱半（剉细末，入蜜一盏、酒半盏，以沙盒盛蒸，取出炒干），甲香半两（浆水泥一块同浸三日，取出再以浆水一碗煮干，更以酒一碗煮，于银器内炒黄色），玄参（切片，入焰硝一钱、蜜一盏、酒一盏，煮干为度，炒令脆，不犯铁器），龙脑二钱（另研），麝香当门子二字（另研）。右为细末，先以甘草半两搥碎，沸汤一斤浸，候冷取出甘草不用。白蜜半斤煎，拨去浮蜡，与甘草汤同煮，放冷，入香末。次入脑麝及杉树油节炭二两和匀，捻作饼子，贮磁器内窨一月。（录周嘉胄《香乘》）

笔者团队曾认真严格复刻过这两款古方香，并在香会雅聚时与友共品。这两款香均按要求做隔火香品鉴，但香气、香韵均有很多差别。韩魏公浓梅香厚重有底蕴，在此基础上稍有些许梅花清韵。梅蕊香清冽通透大于深沉，更有梅花香韵。

从这两款古方香的方谱也可以看出，两款香的主韵不同。韩魏公浓梅香以“黑角沉”（上等沉水香）为君香，以丁香为臣香，以郁金和腊茶为佐香，以麝香为聚香发香，也起使香作用。梅蕊香以檀香为君香，栈香（沉香中浮水者）为臣香，甲香、玄参为佐香起调和作用，麝香为聚香发香，作用同上。后者在和配时更加强调了各味香材的炮制。

以这两款香为例，我们品其人文精神。韩魏公浓梅香，是一款颇有故事、出自名家之手的香品。相传，“韩魏公浓梅香”为北宋大臣韩忠献所作，韩魏公品性高洁，是正直廉洁宽宏之人。“韩魏公浓梅香”和配方法由韩魏公传于苏轼，再由苏轼传给僧人惠洪，惠洪再传给黄庭坚。后来，人们觉得“浓梅”未能彰显梅香的幽清，也称其为“返魂梅香”和“藏春香”。知此来由，就知其香韵所含意义。明白“和香者，和其性也”。而“梅蕊香”，在宋代香方中不止一款，显然是文人极力模仿梅花香韵的一款“凝合花香”。

品香不问好恶，和自心者为佳。正如对这两款梅花香的不同感觉。你无法去评价哪款香更好，各有千秋。你只去品味每一款香给你的感觉和提示即可。正所谓：“品香者，品自性也。”

对于众多当代和香，只要是和香者认真专注于香材、香性、香文化，“以心和香”，不媚俗，不作假，不急功近利，用香心融真情，一定能和出好香。

对于当代品香者，不苛求香气华丽，去潜心享受一款香带给你的韵味、美感，或散虑忘忧，或减压释怀，或平淡如当下的自己，无波澜、无焦躁、无炫耀。安在当下，便是最纯最真。

此正应了明代文学家屠隆总结苏东坡和香品香境界时所说：

“和香者，和其性也。

品香，品自性也。

自性立则命安，

性命和则慧生，

智慧生则九衢尘里任逍遥。”

品和香

第六章

香养——用香之道 养生为本

即刻扫码

- AI香道大师
- 微课传香知
- 荐读好书单
- 香友交流圈

中华香文化传承几千年的根基，主要源于香的应用与人们的身心健康紧密相关。从芳香祛秽疗疾驱疫到修心养性、通灵开悟，皆滋养着人们的身心健康，并在历史长河中形成一系列用法、规制、习俗、信仰等意识形态和文化精神，使之传承至今。

香养生是人们借助芳香物质所具有的气韵特性和疗愈功能，进行性、命双养的过程，是通过熏闻、佩戴、涂敷、喷洒等方式作用于局部或全身，以达到健康肌体、愉悦心情、通达智慧、提升情操的一种自然养生法。

养生养性　香自有道

中国传统香能够调理身体、颐养性情、开慧通灵，是几千年来人们在用香实践中积累下来的宝贵经验，是被社会发展、医学进步一次次证明的事实，更是科学研究对香养生原理探索的结果。

1. 中医药学证明

香养之道缘于香、药同源。在古人一次次把香药应用总结出来对照药理医理，又在中医药理论指导的长期实践中，已形成对芳香性中药除秽、化湿、通络、理气、解郁、扶正等一系列的认知。

如《神农本草经疏》中记载："凡邪恶气之中，人必从口鼻入。口鼻为阳明之窍，阳明虚，则恶气易入。得芬芳清阳之气，则恶气除而脾胃安矣。"脾胃为人之后天之本，养脾胃即养全身。

在中药外治疗法中，香药应用更加广泛：香气透皮治疗的灸疗法、涂敷法、熏蒸法，香气吸入治疗的取嚏法、闻疗法、佩服法等，都在验证其养生价值。正因为这些药用价值，其养生根基日趋深厚。医学典籍对香药使用也有许多记载。

芳香避秽

"秽"指一些与疫病有关或类似的致病物质。正如《神农本草经百种录》言：

“香者，气之正，正气盛则除邪辟秽也。”芳香中药多能辟除秽浊邪气，扶正人体正气，达到养身防病、治病的目的。历史上用麝香、檀香、迷迭香、苏合香等作熏香、佩香、浴香、枕香等防病祛邪比比皆是，现代利用燃香或香气自然挥发预防流行疾病也很广泛。

解表散邪

六淫邪气侵犯肌表，可引起各种表证。清代徐灵胎的《神农本草经百种录》谓：“凡药香者，皆能疏散风邪。”“凡芳香之物，皆能治头面肌表之疾。”芳香中药多具疏散之性，能走肌表而开毛窍，祛除头面肌表六淫之邪。如紫苏、辛夷、菊花、薄荷、香薷等，具疏散表邪，解除表证之功。

化湿醒脾

《本草正义》载：“芳香能助中州清气。”《本草纲目》言：“中气不运，皆属于脾，故中焦气滞宜之者，脾胃喜芳香也。”芳香中药多辛温香燥，善舒畅气机，宣化湿浊，醒脾助运。如苍术、厚朴、广藿香、佩兰等芳香化湿，宜治湿阻中焦证；木香、檀香、炒麦芽、炒谷芽等悦脾开胃，宜治饮食积滞证。

宣闭开窍

香气浓郁的芳香药物，走窜性较强，能通达宣行，能入心窍，开窍启闭，苏醒神志。如麝香、苏合香、龙脑香、安息香、熏陆香等为急救常用之品，宜治邪阻心包，神志昏迷等病证。

通窍止痛

芳香中药行散走窜，芳香上达，通窍止痛，如辛夷、白芷、羌活、薄荷、细辛等上行头目，宜治鼻塞、鼻渊、头痛、牙痛等。

行气活血

宋朝陈自明《外科精要》言：“气血闻香则行，闻臭则逆。大抵疮疡，多因营气不从，逆于肉理，郁聚为脓，得香味，则气血流行。”芳香中药走窜通达，善行气消滞，活血通经，宜治气滞血瘀之痛证。如香附、乌药、玫瑰花等芳香疏泄，行气活血，通经止痛，宜治肝郁气滞，月经不调，胸胁胀痛等；乳香、没药、木香、白芷等均为外科治疮疡常用之品。

秋思 · 养生香

不一一列举，可以归纳出一些规律。芳香治病如此，用于治未病、防病养生亦是如此。

2. 人性喜香之理

中国传统香应用时，多为熏燃、佩戴、涂敷等形式，利用挥发性物质，作用于人的嗅觉器官、皮肤毛窍等外部，然后进入体内作用于各部，以走呼吸系统为主。而中药的水溶口服剂以走消化系统为主。所以，香气对于人体的养生原理还要从当代医学对呼吸系统、神经系统研究上去认知。

人体解剖学告诉我们：人的呼吸系统，是从鼻腔开始—咽喉—气管—支气管—肺，主要是人体内外的气体交换，吐故纳新。喜欢“芬芳清扬之气”，厌恶污浊之气，是人类呼吸系统的自觉选择。

香乃纯阳之气，天地精华，满含健康因子和驱邪避秽成分，是嗅觉之最爱。香气通过呼吸，首先触动鼻黏膜，有效芳香因子会附着在鼻黏膜上，阻滞或削弱有害病菌。然后，清洁呼吸道、气管，随后进入肺部，随血液传遍全身，滋养全身气血、筋骨、皮肉。不同的香气作用不同，也改善和调理着肌体。所谓通窍、通经疏络、养气血作用在此。

科研资料表明：人的嗅觉能辨别上千种气味，比味觉灵敏一万倍。每人每天呼吸两万八千次左右，鼻子上端有五百万根神经末梢，它们将吸入的空气分子很快送到中脑周边记忆系统，而鼻黏膜和末梢神经把感知的气味通过经络，迅速送到身体各部位。当嗅觉感受器感受到气味的刺激时，会将信息传递到大脑中情感神经中枢，从而达到调节人的感情和行为的目的。

不同的养生香，气韵走向不同，刺激部位也不同。香气作用于脑神经，又通过细分神经元，就可以刺激清醒或安定睡眠；可以调节情感产生喜悦、快乐或厌恶；可以提升信念信心、坚定意志。所谓修心养性、减压助眠、明理思辨作用在此。

当代芳香科技对芳香精油的研究，东、西方理论融合，多方面证实芳香类物质所含“萜”“烯”“醇”“单萜”“倍半萜”等成分对于人体的养生作用。如玫瑰和天竺葵精油的主要成分——沉香醇、香茅醇、香叶醇等，能帮助人具有良好的环境适应能力，调节压力，促进荷尔蒙的分泌，使过度激烈的情绪反应迅速冷静下来，在缺乏信心或无精打采时带来活力。这些研究也从另一角度证明传统香气对人心理和情绪的影响。

香养肌体　健康生理

从神农尝百草开始，芳香植物就与养生疗疾有了不解之缘。人们熏燃香草祛秽避虫，佩戴香囊辟邪防病，沐浴香汤祛病健体，用香药疗疾治病等进行着肌体生命的养生保健。

1. 用香防病避秽

用香驱蚊防虫、清洁污秽之气，保护自身不受侵害，维护生命健康，是与人类解决温饱问题同样重要的养命诉求。香在一开始应用就体现出了这一功能。

上海青浦博物馆馆藏的福泉山遗址出土的灰陶竹节纹熏炉，可以实证距今5000年左右的原始人类熏香驱疫、防虫防蚊的用香史实。它是新石器时期原始部落的先民们，在湿热蛮荒的环境中用熏香草防疫养生的第一例证。之后历代驱蚊虫时挂艾草、香茅、菖蒲，熏艾、燃萧、涂花露水（指天然型）皆是同样功用。

佩戴香囊的习俗，一开始也是因为防虫、防病，属于古代"佩服"养生的一种。《山海经》记载薰草"佩之可以已疠"，这是描述佩香养生的较早文字记载。《礼记·内则》记载："男女未冠笄者，鸡初鸣，咸盥漱，栉縰，拂髦，总角，衿缨皆佩容臭。""容臭"即香囊，佩香囊是礼节，也是避秽。

端午所佩香囊中装入艾草、菖蒲、藿香、雄黄等，起到防虫、除秽、辟邪的作用，"戴个香囊袋，不怕五虫害"。"佩服治病"，是把药香做成香囊或缝在中衣（古人的衬衣）里，贴身穿戴散发香气来防病、治病。

2. 用香营造空间

把香料和香材用在建筑和美化香化环境上，营造大的香养环境，也是古今香应用中常有的事。香木防蛀，香料祛湿升阳，香气令人愉悦，在香环境中有益身体健康。

汉代的"椒房殿"，是建筑空间用香养生的范例。史料记载西汉时未央宫、长乐宫各有一处椒房殿，为皇后所居住。专记秦汉都城建筑的典籍《三辅黄图》记载："椒房殿，在未央宫，以椒和泥涂，取其温而芬芳也。"以花椒和泥涂壁，取花椒祛湿、暖宫、助孕的养生功效。"披香殿"也是"绣栭藻井柏为梁……宝篆烟云凝馥郁"（宋·马之纯《披香殿》），用柏木房梁，日夜宝篆香袅芬芳馥郁。

用香保健助孕，也成了历代后宫嫔妃养生的范例。

魏晋南北朝以后的皇宫和官员府邸多用香材建造房屋，用香料涂抹墙壁。如，南朝陈后主为后妃建造阁楼时，就用沉香、檀香造窗牖、悬楣、栏槛等。此外，香料还被用作镇宅之物。故宫养心殿正脊正中的脊筒内有一件嘉庆六年（1801年）放置的彩绘宝匣，匣中有诸多宝物，比如五香、五谷、五药，脊筒正中位置也叫“龙门”或“龙口”，在此放置香料，有镇宅之用。这一风气可从“为宅舍，以香涂壁”、“沉香为阁，檀香为栏，以麝香、乳香筛土和为泥饰壁”等记载中窥见一斑。建筑空间用香材，取其气息通透、除弊去寒之意，是古人享用环境香养生的见证。

香熏空间

3. 用香疗疾防疫

香、药同宗、同源，大部分芳香物质本身就是中药，在历代药典里记载并成方使用。《神农本草经疏》:“气为阳，味为阴，五味四气，各归其类。”香药外用，多用其纯阳之气，以此扶阳养正，补益劳作之损，也是养生之道。

《神农本草经》全书记载365种药物，其中芳香药物占10%左右，较详尽地阐述了芳香中药的药性，为后世应用提供了重要依据。我国第一部药典《新修本草》(《唐本草》)全书54卷，该书不仅新收载了芳香药，而且把苏合香（出西域及昆仑)、阿魏（出西蕃及昆仑)、安息香（出西戎)、龙脑香（出婆律国)、胡椒（出西戎、摩伽陁国）等外来香药正式收入国家药典，并详述其药性、功用。如：“安息香，味辛，苦，平，无毒。主心腹恶气鬼疰”;“胡椒，味辛，大温，无毒。主下气，温中，去痰，除脏腑中风冷”等。把外来香药和中药药性理论融合，提升了对香药性味认识。

药香

宋代芳香中药在临床各科的应用已相当广泛。如《太平圣惠方》记载了很多香药方，如苏合香丸、木香散、沉香散等的组成、制作和用法。还记载“蛇床子烧烟于瓶中，口含瓶嘴吸烟，其痰自出”；明代贾所学《药品化义》、清代吴师机外治法专书《理瀹骈文》把“香气”与香药外治法逐渐完善并推向顶峰，确认“香能通气，能主散，能醒脾阴，能透心气，能和合五脏”；明清时期“温病学说”的形成，让芳香性药物“芳香避秽”“驱邪扶正”的防疫祛瘟功能更加深入民心。

2003年“非典”和2020年“新冠”两次疫情，都有芳香药物外用熏香、香囊、香口罩等参与防疫，其中苍术、防风、藿香、白芷、陈皮、艾叶等诸多芳香药物经常使用。中医汤剂中更是不乏香药成分，为抗疫防病起到很大作用，也极大普及了芳香药物香用的功能。

香调情绪　健康心理

香气的减压祛躁作用以及使用时营造的闲雅情致，可以修心养性、调节情绪，这是利用了芳香物质所特有的静心安神、醒脑启智、理气解郁等功效。只要掌握好一定的应用方法，香就可以成为心理的疗愈师。

1. 熏香佩香以养性

春秋时期屈原“扈江离与辟芷兮，纫秋兰以为佩”以香草喻人的美德和正念；孔子以“兰香”比君子修身立德，是以香养性的倡导。

汉代博山炉的盛行，体现着王宫贵族修道升仙的思想，也是修心养性用香的体现。“博山炉中百和香”馨烟缭绕，把香炉上镌刻的山峰、沟壑、树木、猎人、海水一一笼罩在袅袅烟雾中，让汉武帝及宫廷贵族在百忙中闻香放松、减压遐思、飘飘欲仙。炉中“百和香”是由沉香、檀香、花草香、脂类香等和合而成，香气悠悠，让人舒心忘怀。

宋徽宗身穿道袍，一炉香陪伴抚琴的《听琴图》，被世代传咏为修心养性的楷模。画中营造了一个香、琴、花修心养性的美好意境，也正应了道家崇尚清静、无为而治的思想，把宋朝的风雅也凸显尽致。

明代汤显祖在《与无去上人》中提出的“四香戒”，即“不乱财，手香；不淫色，体香；不诳讼，口香；不嫉害，心香”，以此作为品德准则，以香喻德，比香修德，规范行为。

2. 以香抒怀以明心

文人雅士用香修身养性，体现在闲雅、风骨和精神上。香是文人书案上的益友，雅集里的常客，更是醒读坐卧的伴侣。众多的文人雅士爱香、用香、咏香，以香修心养性、明心见性。宋代黄庭坚、李清照、苏轼等就是典型代表。

黄庭坚曾被贬宜州（今广西河池），在被除去功名、晚年遭贬的低沉时，闻到“韩魏公浓梅香”“如嫩寒清晓，行孤山篱落间”，细品出此香应是黑角沉、丁香、郁金、腊茶末、麝香等香材和合，清韵入心，闻之久久不能忘怀。联想到韩魏公这位宋仁宗年间进士，历时三朝，为相十载，受封魏国公，用一生功业换得宋神宗亲赐“两朝顾命，定策元勋”之碑，堪称士子楷模。此香方又是亦师亦友的苏轼留给自己的，不禁因香而动容，感恩老师及韩魏公的香帮助自己排解心中苦闷，给自己带来精神安慰，即刻为自己当前境遇释然。

苏东坡年近六旬时一贬再贬，晚年一叶孤舟前往“食无肉、病无药、居无室、出无友”的海南儋州，也是因有沉香、檀香和自己的和香，一方面与黄庭坚吟香唱和，另一方面也跟弟弟苏辙以香叙情。绍圣元年（1094年）仲春，适逢苏辙生日，苏轼以檀香观音像及新合印香银篆盘寄赠苏辙以贺寿，与之探讨“旃檀婆律海外芬，西山老脐柏所薰”“冥然物我无复分，不出不入常氤氲”的香中之道。在苏辙60大寿时又送沉香山子，《沉香山子赋》用香让自己明白世事无常，遵从天道，以慰平生。

李清照的词如“薄暮浓云愁永昼，瑞脑销金兽”（《醉花阴·薄雾浓云愁永昼》）、“篆香烧尽，日影下帘钩”（《满庭芳·小阁藏春》）、“酒阑更喜团茶苦，梦断偏宜瑞脑香”（《鹧鸪天·寒日萧萧上锁窗》）、“香冷金猊，被翻红浪，起来慵自梳头”（《凤凰台上忆吹箫·香冷金猊》）等等，满载生活用香的情致，也是日里夜里消寂寞、淡思虑、抚慰情绪的修炼。

3. 斜倚熏笼以解忧

历代后宫佳丽也把香气养性、修心祛躁用到极致。从汉代到明清，深宫后院的嫔妃们，凭借一缕香氛抚慰寂寥，熏衣熏被、涂粉描黛、品香斗香已是屡见不鲜，也是佳丽们日常生活的一部分。用香解除寂寞、驱散嗔恨、平复焦躁也是香的重要作用。

从几幅馆藏名画来看看。明陈洪绶的《斜倚熏笼图》（上海博物馆藏）、清汪恭的《寒梦初醒图》（安徽博物院藏）、清改琦的《斜倚熏笼坐到明》（天津博物馆藏），题材均为后宫女人斜倚熏笼，古代也称“香篝”，是笼罩下放香炉、可熏衣取暖的装置。主题均为女子在寂寞中倚炉熏香、期盼、消愁、安抚自己，题跋内容无不照应“红颜未老恩先断，斜倚熏笼坐到明”（白居易《后宫词》）。可见，熏香静心、养性、减压的作用。

清·夜温香篝图（安徽博物院藏）

斜倚熏笼能够修养身心，凭的是暖香，是香料，最早有文字记录的熏衣香方，是东晋葛洪《肘后备急方》卷六中的“六味熏衣香方”：

沉香一钱，麝香、白胶香、丁香、藿香各一两，苏合香（蜜涂微火炙）。捣沉香，令破如大豆粒，丁香亦别捣令作2-3块，捣余香，蜜和为炷。燃烧或著衣。

《香乘》中“蜀主熏御衣香”：

丁香一两、栈香一两、沉香一两、檀香一两、麝香二钱、甲香一两（制），右为末，炼蜜放冷，温令匀入，窨月余用。

这些薰衣香，使用时即熏衣染香，又减压祛躁，不失为养心解忧好办法。

4. 潜心制香享受过程

香的修心养性，还体现在制香、用香过程本身带给人们的慢生活以及美好、缓和、融洽的情绪。例如：传统和香过程，从香材炮制开始、选材、配伍、抄方、炼蜜、和合、制作、窨藏、试香，每一步都是在“以心和香，悦性而为”，身心投入，忘乎其他。配伍时又要讲求君臣佐使、五行生克、香性药理。和香者专心致志，达到忘我境界，天人合一，本身就是修行。

古今常用的篆香应用过程，也是修心养性的过程。从理灰、压灰、洁炉、入篆、填香、起篆、赏篆、闻香，每一步都要求心平气和、心怀感恩、敬畏自然、心安当下，不急不躁，又可训练“净”、“静”、“敬”的心态。

和香做香囊、香珠、香饼也是如此，做隔火熏香埋碳、塑灰、控温、静心赏香也是如此。是让用香过程放缓心情，静下来修心养性。

品香过程中的“斗香”，比试香的优劣，比试闻香嗅觉的灵敏，猜中香的名称，这过程其乐融融，在“射者中，弈者胜”的快乐比试中，饱尝芬芳，在一团和气中得到心神愉悦和滋养。

香通灵性　启迪哲理

中国传统香所特有的明心见性、启智开悟、通灵祈福、辟邪养正就是哲理养生或称灵性养生。

1. 礼敬神明而安心神

香的通灵功能是从远古人类用香祭祀传承下来的。从上古时期“燎祭”——“燔柴祭天”，升烟通灵祈福就开始了。众多考古资料显示，祭祀多用柏木、栎木、松木、萧草等香木香草，放上祭牲品，产生香烟香气，“禋，芬芳之祭也。”（《尚书·洛诰》郑玄注）。同时还用鬯酒——一种用郁金（姜黄）酿制含有香气的酒，《礼记·郊特牲》:“周人尚臭，灌用鬯臭，郁合鬯，臭阴达于渊泉。”鬯，即郁金或姜黄，姜科，多年生草本植物，古人用其膨大的块根茎，掺合于酒中，能使酒色变黄且气味芳香，祭土地、山神。这种祭祀的方式，是期望香烟、香气通达天地神圣，以求福避难、保命养命。正如北宋丁谓在《天香传》中所说：“香之为用，从上古矣。所以奉神明，可以达蠲[juān]洁。”

这种应用方式一直延续和传承下来，成为历代祭祀、祈福、庆典、纪念等众多民俗的用香仪式，与礼仪、敬意结合，来表达人们的期盼与祝愿。

无论是历代皇帝祭祖、祭天、祭土地，还是平民节庆祈福、拜祖、逢大事焚香供奉等，均是借助香烟香气表达自己的意愿，沟通神圣，得到祖先的庇护，让自己和族人平安，来年风调雨顺。

这实际是人们期望的一种通灵、养神方式。通过这种香供、香通的仪式，安抚或强化自己心神，使自己感到被理解、被庇护、有依靠，从而使自我精神强大，心神安稳。

2. 驱邪避秽以洁环境

与祈福香相呼应的用香方式还有辟邪香、除瘴香、净化空间香，也是香的灵性用法。例如在端午节、重阳节、年节、安家，甚至受惊吓等，人们已经习惯挂香草、佩香囊、燃香等以驱邪避秽，扶扬正气。是因为人们信奉“香为阳气”“香能扶正驱邪”。比如：

春节插柏枝、挂桃木符燃柏枝甚至放鞭炮（火药香）。

端午节挂艾草为“艾虎”、菖蒲为“蒲剑”；小孩戴朱砂、雄黄香囊。

重阳节插茱萸。

参加丧礼时带安息香、乳香、没药等。

这些习俗也是人们认为有些香具备通灵驱邪功能。在人们进行这些活动时可以借香的功能驱散心理阴影、清洁心神，使自己正气充盈，不染邪气。

3. 正道立德以养修为

中国香最为高尚的养生方式是明哲理、通智慧、立品德，即所谓“至治馨香，感于神明。黍稷非馨，明德惟馨”（《尚书·君陈》）。

闻香能使人在通窍、醒神、开悟中明白事理，豁然开朗。

如理学家朱熹体会的“花气无边熏欲醉，灵芬一点静还通”（《香界》）；香严童子“见诸比丘烧沉水香，香气寂然来入鼻中。我观此气，非木、非空、非烟、非火，去无所著，来无所从”豁然开悟，证得阿罗汉果；宋人陶谷在《清异录》中写道“吾身，炉也；吾心，火也；五戒十善，香也”，若把人的身体比作香炉，人心即为炉火，人间至好至善，则是炉中香料，被微火熏燃着，不断散发出香气。

将香与人的品性对应，让香启迪人的智慧，提升人的修为。香中有道，香中有德，香中有境界。闻香，宁静而致远，通慧而养德。

笔者曾多次组织“香修”课程，通过香气做媒介，让人入静、入定、内观自心，而后在宁静的心境下去梳理自己的过往和情绪，去剖析自己的烦恼和焦虑所

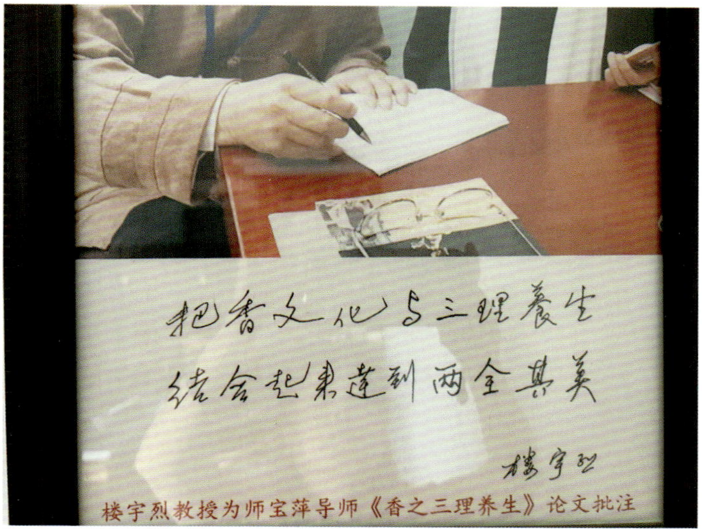

楼老对笔者论文批注

在及根本原因，借助于开导提示走进心性深处，清理和清醒认知，继而走出误区，卸掉焦躁，明白事理。香气丝丝缕缕，随呼吸进入体内，静心安神，同时也启迪着智慧，这就是“戒定而生慧”的原因吧。

中医香疗　古香今韵

香、药同源，香在中药里是香药；香药在香里是药香。唯其有药性、药理、药功能。既有药的功效，当然可以起治疗作用。事实上，从香诞生的那一刻起，就担负着治疗作用。《周礼》记载“莽草薰之”“焚牡菊以灰洒之”等熏香防治害虫。春秋战国时期《离骚》中载有44种香草且大多可供药用；《山海经》中还记载了佩香可以驱疫防病，此时，艾草已逐渐为广大百姓所接受。随着中医的出现和本草药物的治疗功效日益确定，芳香类药物治疗作用也日渐明晰，以至于形成完整的应用体系，我们可以称之为“中医香疗”。

2018年中国中医药出版社出版《中医香疗学》（全国中医药行业高等教育“十三五”创新教材，作者杨明等）。笔者作为参编之一，深为当代芳香养生、芳香医疗的发展和更有效的香药应用而欣慰。

古香今韵的一张
代表性照片

中医香疗概念

中医香疗是以中医药理论为基础，借助芳香物质所特有的生理和心理方面治疗功效，将芳香药物制成适宜剂型，通过按摩、外涂、艾灸、熏香、内服等方式作用于局部或全身，以预防、治疗或康复疾病的一种传统自然疗法。

中医香疗始于夏商，成于秦汉，盛于明清，强调整体把握健康状态，注重个体化，突出治未病，疗效确切，治疗方式灵活，养生保健作用突出，具有简、便、廉、验的特点，临床应用广泛。

中医香疗基本理论

中医香疗基本理论是中医学历经千年积累、提升、演变形成的，主要包含整体观念、辨证论治等基本特点，涵盖阴阳五行、藏象、气血精神、病因病机、养生防治等主要内容。

中医香疗的现代理论体系是中医药理论的继承与创新，“用香之道”也首先遵从于中医理论基础和思想——调和阴阳、调理气血和调养形神，分别在芳香活血、芳香化瘀、芳香通络、芳香行气、芳香解表、芳香宣肺、芳香调神、芳香解郁、芳香扶正等方面发挥作用。

中医香疗体系

中医香疗承“古香”应用之法，借助当代先进科技手段研发和创新出“今韵”应用体系。即以体质、疾病、证候相互关系为前提，在继承中医香疗传统理论、技术与经验的基础上，完善了中医香疗“香道—运香—香效—配香—施香”理论体系，使其系统化、科学化，不断创新与发展中医香疗理论。

同时运用现代多学科技术方法研究香疗相关技术，形成中药精油制造“寻香—提香—稳香—制香—评香”关键技术体系，实现传统理论方法与现代科技完美结合，最终形成了中医香疗“十香体系”。也可以称为“古香今韵”体系。

香疗产品原料

香疗产品的原料不同于传统基础香药，而是在传统香药基础上经过萃取后的原料。其类型主要包括挥发油、浸膏、净油、油树脂、香脂、香膏、纯露、基础油等，挥发油是香疗产品的主要原料。

挥发油：又称精油，是采用蒸馏、压榨、萃取或吸附等物理方法，从芳香植物中提取出来的具有一定香气和挥发性的油状物质。

浸膏：是指采用有机溶剂对不含渗出物的芳香植物组织经过提取浓缩而得到的膏状物质。在浸膏中除含有精油外，尚含有相当量的植物蜡、色素等杂质，在室温下浸膏多呈深色膏状或蜡状。

净油：是指植物浸膏（或香膏、香树脂、精油）的乙醇抽提物。

油树脂：是指采用适当的溶剂从辛香料原料中将其香气和口味成分抽提出来，再将溶剂蒸馏回收，制得的稠状、含有挥发油的树脂性产品。其成分主要包括挥发油、辛辣成分、色素、树脂及一些非挥发性的油脂和多糖类化合物。

纯露：是芳香植物蒸馏所得的冷凝水溶液。纯露中除了含有少量挥发油成分之外，还含有全部植物体内的水溶性物质（如黄酮类、鞣质类等）。

香脂：是指采用吸附法，应用精制的动物脂肪或精制的植物油脂，吸收芳香类药材中的芳香成分的饱和脂肪或油脂类物质。

树脂：分为天然树脂和经过加工的树脂。天然树脂是指渗出植株外的萜类化合物因受空气氧化而形成的固态或半固体状态。经过加工的树脂是指将天然树脂中的挥发油去除后的制品。

基础油：是从植物种子、花朵、根茎或果实中萃取的非挥发性油脂，可润滑肌肤，能直接用于肌肤按摩，也是稀释挥发油的最佳基底油。

中医香疗常用疗法

中医香疗法多种多样，其途径主要是通过芳香药物的芳香之气和治愈能力，以外治法为主，经由体表皮肤和嗅觉器官吸收进入体内，转运至血液循环和神经系统等，从而发挥治疗、养生、保健等功效。其中，尤以精油的应用最为普遍，疗效确切。

四种常见的精油使用方法如下。

推拿法：推法、擦法、摩法、揉法、捏法、按压法、抚摸法、扣击法、拿法；

吸嗅法：直接吸嗅法、香枕吸嗅法、熏香法、蒸汽法；

沐浴法：全身浴、局部浴；

湿敷法：热敷、冷敷。

除此之外，还包括**漱口法、洗发法、填塞法、芳香盐法、喷雾法、食疗法**等。

中医香疗针对症状

滋养正气、抵御外邪：利用“香乃纯阳之气”、“正气盛，则邪不可干”的香疗理念，筑起康养的防护线。比如历次防疫抗疫中吸嗅、涂敷精油的应用。

调理气血、疏通经络：利用香气的走窜、散瘀功能，可以调理气机，促进气血运行，改善人体的生理状态。如脐疗、香敷和芳香按摩。

开窍行气、活血化瘀：芳香药物这些功能古人已留下众多经典的芳香开窍药方证明。如应用在治疗心血管系统疾病的复方丹参滴丸、心可宁胶囊、麝香心脑通胶囊等；用于益气强心的心宝丸、活心丸、麝香保心丸等；用于行气化痰的冠心苏合丸、麝香心痛宁等。这些经典中成药里含有多种芳香开窍、芳香温通的芳香中药。

调神解郁、颐养情志：香药有安神助眠、疏肝理气功能。近年来的芳香科研也证实芳香提取物对调节神经递质、保护神经元、抑制神经细胞的凋亡、调节下丘脑、肾上腺轴激活相关的治疗功能等等。

中医香疗的未来发展

将继续秉持传承精华、守正创新的态度，把古人优秀的中医理念、方法、技术和香方传承下来，用现代药理、评价方法、制备方法将古人的智慧发挥出现代的价值，把东方传统的香疗理论和西方的香疗理论、医学理论体系相融合，成为一个全新的芳香疗法。

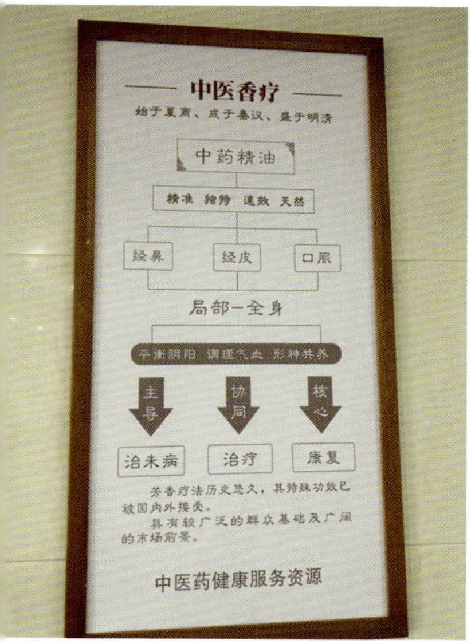

中医香疗

美容护肤　溯源本香

有没有想起小时候，妈妈喊你“抹香香了，快来抹香香了”，小孩儿乐得屁颠屁颠地跑过去，仰着小脸、伸出小手，让妈妈把喷香的“香脂”涂抹在细嫩的脸上、手上，美美哒，香香哒。

现在，是不是轮到你也每天在喊自己的宝宝“抹香香”了，却被众多香气四溢、香型众多的儿童护肤品搞得不知所取?

其实，何止是儿童护肤品不好选择，成人的化妆品在每一个商场专柜里琳琅满目地展示着众多中、外品牌，也让你不知所选。

现在的护肤品有一个共同的名称：“化妆品”，是“化学妆容用品”的简称，划归行业为日用化工行业。也就是说，都含有化学添加剂或经过化学手段处理过。因为，当代化妆品要满足众多人使用需要，又要有一定保质期，不通过机器工业化、不添加化工防腐就很难实现。

实际上，在工业革命之前，再往更久远的时代去追溯，化妆品原本也是用香和合而成的。

遥想当年，汉宫赵飞燕与赵合德沐浴香汤“五蕴七香汤”和“豆蔻汤”多么美艳俏丽，唐代杨贵妃华清池边“侍儿扶起娇无力，始是新承恩泽时”确实沐浴出凝脂玉容。更有敷身粉“红汗香”，涂腮红“胭脂”，描眉“螺子黛”，口红用“口脂”，养发用“香发散”，洗澡用“澡豆”……这些都由纯天然的香料制成。

汉宫双飞燕洗浴用的“五蕴七香汤”和“豆蔻汤”，据《赵飞燕外传》记载是使用西域过来的多种香料熬制的奇香异汤：“后浴五蕴七香汤，踞通香沉水坐，燎降神百蕴香”，这里的“后”指赵飞燕，洗澡用“五蕴七香汤”，坐沉香木制成的椅子，燃的是“降神百蕴香”。想必奇香缭绕，通体透香。妹妹赵合德洗的是“豆蔻汤，傅露华百英粉”，据说这由豆蔻和其他热带芳香植物一起熬制的香汤还有一种特殊功能，可以让女人下体精致。这一招让汉成帝迷恋不已，专为她修建了一所独享的“浴兰室”。

香汤沐浴起源于春秋时期的“沐兰汤”。当时用佩兰、桂皮、白芷、艾草等煮汤沐浴，有去污洁身，解毒康体功效。到汉代以后，从丝绸之路过来的香料增多，这“七香汤”和“豆蔻汤”想必更加气韵不凡，养生作用更强。

唐代杨贵妃用的“红汗香”是一款敷身粉。史料记载：“贵妃每至夏月，常衣轻绡，使侍儿交扇鼓风，犹不解其热。每有汗出，红腻而多香。或拭之于帕之上，其色如桃红也。”（《开元天宝遗事》）这里贵妃出汗“红腻而多香”是因为一种“利汗红粉”，不仅会使汗水变红，而且有芳香的气息，能使肌肤光滑细腻，堪称唐代最高端的护肤品。

其配方有记载为：

滑石一斛（极白无石者，水飞过），心红三钱，轻粉五钱，麝香少许，右件同研极细，用之调粉，如肉色为度，涂身体，香肌，利汗。

利汗红粉中的“麝香”让敷身粉有香气、遮汗气和传说中贵妃体味，还具有消炎作用。“心红”是质量上乘的银朱（朱砂），是从水银中提炼的传统红色颜料。这敷身粉让唐贵妃轻施粉黛便可芳泽远溢，穿越千年依旧令人艳羡。

古代的“胭脂”的做法是：把红蓝花在花开之时整朵摘下，然后放在石钵中反复捣杵，再把红蓝花的花瓣中红、黄两种色素捣出，淘去黄色后即成鲜艳的胭脂。此外，我国古医书中记载可用于制作胭脂的原料还有蜀葵花、重绛、黑豆皮、石榴、山花及苏方木等。据说这“红蓝花”原产西域“燕支山”，张骞出使西域时带回，就是现在的“指甲草”“海娜”等，有淡淡的花香清草香。而蜀葵花黏腻多胶质、有清香。关于“苏方木”，李时珍《本草纲目》记载“苏方树类槐，黄花黑子，出九真”，有淡香。用这些香植物做出的胭脂水粉，想必让人口齿留香。难怪《红楼梦》中那个“劳什子”宝玉，有“吃胭脂”的习惯。唐·温庭筠说“鬓云欲度香腮雪”（《菩萨蛮·小山重叠金明灭》）也是诗一般的香美。

《清宫医案》中记载专为慈禧太后用的美发干洗方——“香发散”。配方为：

零陵香50克，辛夷25克，玫瑰花25克，檀香30克，川大黄20克，甘草20克，粉丹皮20克，山柰15克，公丁香15克，细辛15克，苏合油15克，白芷150克，共为细末，用苏合油拌匀，晾干，再研细面，用时掺匀于发上，用密梳篦去。

此方散剂，全部由香药组成。反复撒在干发上然后慢慢篦去，止痒、杀菌、消炎、养发。据说解决了太后老年不愿洗头之苦，令老佛爷晚年依然“绿云飘香”。

“澡豆”，是从魏晋南北朝时期开始流行的洗浴、洁面散粉，用豆粉和各种香药捣碎调和而成，有清洁、消炎、润肤、香身多种功效。查阅典籍，澡豆的配方很多，单就唐代孙思邈《千金翼方》卷五中记载的“面脂”“悦泽”“面药”“白膏”“涂面”“令面生光”“澡豆”等就有25首，应用药物125种，植物药76种。其中含芳香动、植物有麝香、细辛、白芷、白附子、川芎、丁香、当归、藁本、龙脑等广泛用于配方中。

这里摘录一个奢侈的澡豆配方：

丁香、沉香、青木香、桃花、钟乳粉、真珠、玉屑、蜀水花、木瓜花各三两，柰花、梨花、红莲花、李花、樱桃花、白蜀葵花、旋覆花各四两，麝香一铢。上一十七味，捣诸花，别捣诸香，真珠、玉屑别研作粉，合和大豆末七合，研之千遍，密贮勿泄。常用洗手面作妆，一百日其面如玉，光净润泽……

本澡豆配方中名贵香料、香药占比近半。香药既能祛秽增香，又具有抗菌消炎活性成分，有些还含有营养肌肤的成分。用这样的“澡豆”沐浴，能不香吗？

香药用于美容养发，是利用其通经活络，活血化瘀，杀菌止痒，美白洁肤等功效。

当代的制香人也在传承和恢复天然美妆上做着尝试。利用自己对香药性味的了解，对古方今用的执着钻研，试配、和合出“古法香皂”“香唇膏”“香面脂”，蒸馏出“香露”，熬制出“香膏”等，确有上乘之作。当代一些芳香企业也正在用现代科技去提取纯天然护肤品原料，并解决天然防腐问题。

笔者曾带学生一起恢复《香乘》古方“八白粉”、《千金翼方》“澡豆”，自用并赠送亲友还真的不错。只是在天然防腐上暂不能突破，每一款自制“香妆”不得不贴上“限期使用，过期作废”的字样。

让当代美容护肤品“香”起来，真正做到养肤护肤更健康，可能是一个行业和一个时代的需求。刚刚进入发展期的芳香养生行业，也许能助一臂之力。

四时用香　顺势颐养

用香之本，在养生，在修性，在养礼。不是一时一地的兴致，也不是附庸风雅的显摆，更不是盲目跟风和滥用。熟悉香性，懂得香用，还要明白春夏秋冬季节变换与用香的关系，懂得一日晨昏用香之功效，真正做到香为己所用，用香助健康，才是用香之道。笔者一直倡导的“用健康香，健康用香，用香健康”就是此理。

正如“春有百花秋有月，夏有凉风冬有雪”，四季变换各有特点，让季节之美滋养自己，是积极的心态，让季节的缺陷少作用于自己更是努力的目标。天然香，取自于自然，当然带有自然万物造化之特点，顺应四时去采香、制香、使用香，把天地正气用于自身，是香养生日常应用之理。

四季用香，首先要顺应天时才能顺应人意。人体健康状况无不受四季影响，在寒暑往来春秋过渡中，维护阴阳平衡，气血条达，五脏安和，是人们对健康的基本要求。早在《黄帝内经·素问》里就有言："天覆地载，万物悉备，莫贵于人。人以天地之气生，四时之法成。"指人是天地万物中最尊贵的，是顺应天地之气，四季变换的。然而，四季变换总不能完全顺应人意，或人总在适应四季时不能很快调整自己，而造成一时失衡而得病。

因为自然四季对应人体五脏，又对应五行：春对应肝属木，夏对应心属火，秋对应肺属金，冬对应肾属水，长夏对应脾属土。五脏与六腑互为表里，又构成人的内在系统。五行相生相克相乘极为复杂。身体健康的维护也需要悉心照料。

香含纯阳之气，驱邪避秽，条达身心。在四季养生中，正确利用香的养生疗疾作用，会更加有益于身心健康。在当代应更注重四季变化影响情致的因素，进而修心养性和情致养生，调七情而养身体。因为肌体调理和疾病治疗早已被医疗代替。而香所能达到的恰好是"药之不及，针之难到"的地方——情致、神志、意念、情绪。并且在未病之前、亚健康状态进行香调理，其预防效果远大于治已病。

以此设定了四季用香的目标和使用方法，是有理可循，有法可用的。

春季　为一年之始，万物萌发，人心向上。季节以欣欣向荣之势鼓舞着人们的激情。《黄帝内经》言："春三月，此谓发陈，天地俱生，万物以荣。"也是"发陈"之时，季节变换，要除去陈腐迎来新生。这个季节对应身体五脏为"肝"，对应五行为"木"，"木"喜欢向上生发，"肝"喜欢调畅，忌焦虑，怕抑郁。

春季用香目标应该是：升发、向上、解郁、除焦虑为主。

春季用香气韵应该是：发散、通透、悠远，略带酸爽和清扬之气。

春季用香主香应该是：檀香、柏香、沉香、肖南木为主韵的和香。

用香时间有：春节迎新祈福，惊蛰除尘防虫，花朝节焚香敬花神，上巳节香汤沐浴等。

用香方法：厅堂燃香；花下敬香；踏青游春，佩戴香囊香牌；小聚赏花，一炉熏香怡情畅怀；晴窗读书或筹一年之计，馨香伴读；压抑焦虑，特质特调解忧香品闻等等。

春季古香方举例：

沉速香二两，檀香五钱，乳香、丁香、甘松各一钱，玄参一两，麝香一分。右为末，炼蜜和剂作饼子，用青柏香末为衣焚之。

摘录自《香乘》

夏季 一年中气温较高，万物蓬勃发展，雨水丰盈，湿热共生的季节。夏季对应五脏为心，对应五行为火。这个季节人心易烦躁，体宜湿癖，造成失眠、焦虑。夏季养生以除湿躁、防暑、养心神为主。心喜安静，戒燥火，戒狂喜。

夏季用香以静心安神为主。古人“燎沉香，消溽暑”（宋·周邦彦《苏幕遮·燎沉香》），就已经道出了夏季的主香，用沉香或以沉香为主的静心、助眠、安神和香，起到“心静自然凉”的效果。

用含有藿香、菖蒲、艾叶、茅香、薄荷、紫苏、白芷等草本香的和香，可以透汗、防暑。

用香时间：端午节、夏至、大暑等。

用香方式：消夏散步佩香囊、香珠；消暑雅聚品隔火香养心神；小聚打篆香静心、安神；月夜乘凉品茗，燃防蚊线香等。

夏季古香方举例：

[药汁方]香薷一两，甘菊二两，黄柏五钱，黄连五钱，连翘一两，蔓荆子一两，香白芷五钱，水四十碗，慢火熬，候将干，用绢搅汁、听用。

[粉方]透明朱砂末五钱，透明雄黄末五钱，白芨末三钱，白檀香一两，花石末一两，川芎末一两，寒水石末一两，梅花片一两，苏合油一钱，水安息一钱，香白芷末二钱，玫瑰花瓣末一两，以上共为细末，入前药汁内搅匀，作扣大串成。

录自《乾隆三十七年各作成做活计清档》避暑香珠配方

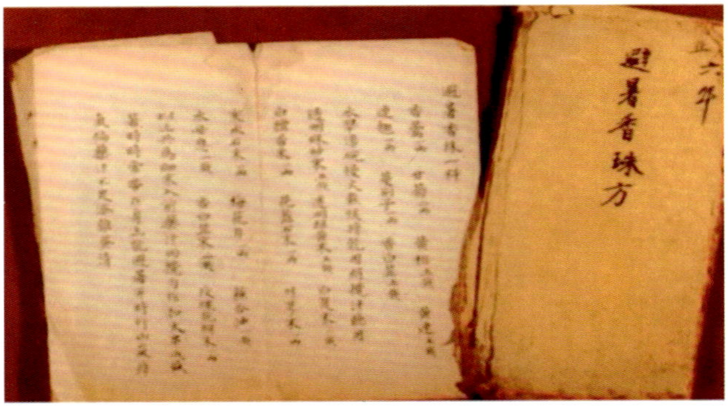

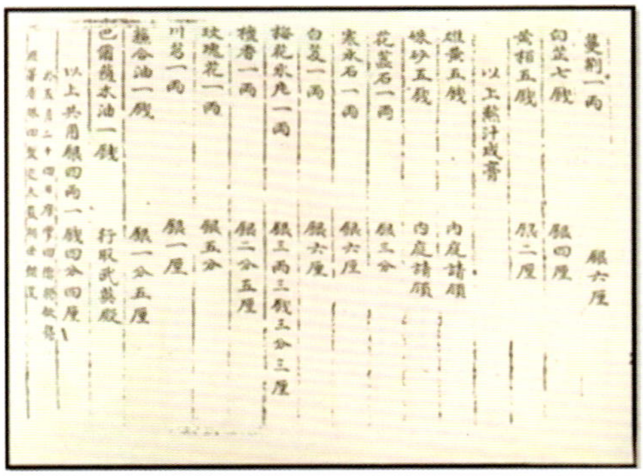

蔓荊一兩 銀六厘
白芷七錢 銀四厘
黃柏五錢 銀二厘
以上熬汁成膏
雄黃五錢 內庭請領
硃砂五錢 內庭請領
花蕊石一兩 銀三分
寒水石一兩 銀六厘
白芨一兩 銀六厘
梅花氷片一兩 銀三兩三錢三分三厘
檀香一兩 銀二分五厘
玫瑰花一兩 銀五分
川芎一兩 銀一厘
蘇合油一錢 銀一分五厘
巴爾薩木油一錢 行取武英殿
以上共用銀四兩一錢四分四厘

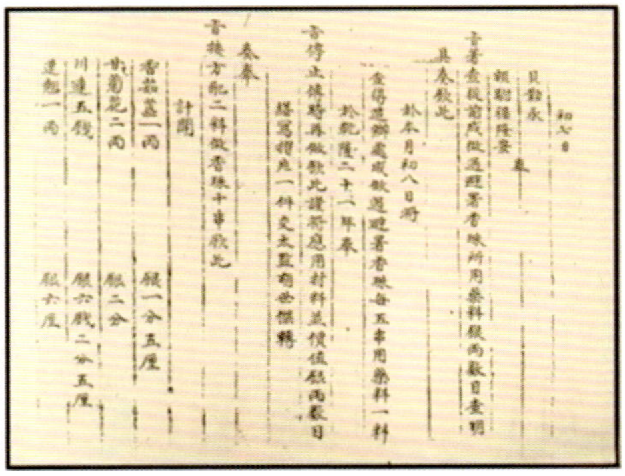

具奏欽此
於本月初八日將
於乾隆二十八年奏
計開
香薷一兩 銀一分五厘
甘菊花二兩 銀二分
川連五錢 銀六錢二分五厘
連翹一兩 銀六厘

秋季　收获的季节，也是燥气较大的季节。秋之肃杀之气也会影响人的情绪。秋季对应五脏为肺，五行为金。《黄帝内经·素问》称："使志安宁，以缓秋刑，收敛神气，使秋气平，无外其志，使肺气清。此秋气之应，养收之道也。"养收之道，即是收敛，不外放。晚秋时节气温下降，也易引起风邪。人们总是喜欢春暖花开欣欣向荣的景象，而悲悯落叶枯草、秋雨寒露。肺主思。思虑过多则情绪外放。

秋季用香适合香韵悠长宁静，适合宣肺养肺，适合平复悲情。

主香用沉香、降真香、丁香，辅香用佩兰、零陵香、桂花香等。还可以自制桂花香、柏子香。

用香时间：中秋节、秋分等。

用香方式：丰收庆典燃线香；秋窗听雨品沉香；赏月小聚拜月香；秋夜静思打篆香。

古香方举例：

玄参（酒浸洗）四钱、檀香五钱、大黄一钱、丁香三钱、甘松二钱，麝香少许，右为末，炼蜜和剂作饼子，以煅过寒水石为衣焚之。

摘录自《香乘》

冬季　一年的最末季节，气候变冷，天寒地冻。《黄帝内经》云："冬三月，此谓闭藏。水冰地坼，无扰乎阳。""逆冬气，则少阴不藏，肾气独沉……所以圣人春夏养阳秋冬养阴，以从其根。"冬季养藏，守住原阳。冬属水对应肾，肾主七情中的"惊"和"恐"。过于惊恐则伤肾。冬藏即是精神内守、情致内守，不外泄。

冬季用香宜选沉静和内敛类香韵，安暖和朴实类香韵。

主香主韵应用沉香、降真香、丁香、肉桂等。

用香时间：小雪、大寒。

用香方式：围炉煮茶闻香；小聚品暖香；赏雪煮香；自制梅花香饼；冬夜伴读。

冬季古香方：

沉香一两，白檀半两，丁香半两，木香半两，甘松七钱半，藿香七钱半，零陵香七钱半，白芷二钱，回鹘香附子二钱，当归二钱，麝香二钱，官桂二钱，槟榔一枚，豆蔻一枚；右为末，炼蜜和饼如棋子大，或脱花样，烧如常法。

摘录自陈敬《陈氏香谱》“雪中春信”

四季用香调养自身，是天人合一的自然观体现。香取自自然，人在用香时就是与自然沟通，凭借自然界赋予的精华和正能量来给自己身心赋能。

第七章 香在——香在当下 香飘四海

自神农尝百草而识香，三皇五帝，先秦两汉，唐宋明清至现当代，中国香文化赓续数千年，香火薪传。史上的香事、香人、香生活依然启迪和濡染着当代生活，如今众多的传承人也在继承和发扬中不断创新着灿烂与芬芳。让当下的生活因濡染香芬而更有情调，让事业因得到香助而更兴盛，让意识因蕴含香气而更加灵明。也让有中国特色的香文化、香应用重登世界舞台，香飘四海，香传天下。

香在田间　芬芳兴旺产业

芳香植物在我国资源丰富，分布广泛，科、属、种齐全，在全球相关领域里占有重要地位。据《中国香药植物》（王羽梅，任飞主编.华中科技大学出版社2022年版）显示，“我国有香药植物1720种，涉及植物1640种（含亚种、变种）”，主要集中在木樨科、樟科、菊科、唇形科、芸香科、木兰科、蔷薇科、松科、伞形科、百合科和姜科等。目前已开发利用的芳香植物达150种，常年出口到国际市场的天然香料有60余种。就香草而言，目前可用于香料的有500种。

芳香植物是芳香产业的基础，近年来我国芳香产业的迅速发展，不但与国内原料丰富有关，更与产业的传承创新、科研技术提高相关。作为农业大国，芳香植物隶属于经济作物的居多，种植和发展芳香植物符合促进经济发展和农民增收的政策。

在当代，有这样一个群体，从育种到栽培，从产品到产业，从科研到田间，都做着与芳香植物有关的事，他们是芳香植物研究者，是当今香料、香药、香材的提供者，更是芳香植物产业发展的倡导者和推动者。

他们也许并不在意自己是在做着距今2300年前就被屈原描绘过的事情，也没有“余既滋兰之九畹兮，又树蕙之百亩”的诗情画意。而是努力着怎样保育原始芳香植物的优质香型，努力着怎样从原始母本、父本芳香植物中选取和培育更强壮、更芬芳、更有产量的优良品种，努力选择最适宜良种生长的土地，去种植，去选优，去脱毒，去组培，以期望能给当代提供更多更好的芳香原料。

那些农林科研院所、科研院校的农业技术和生物技术工作者，那些在田间地头，一年四季埋头作业，耕种、除草、收割、储存，不断以自己的辛苦劳作为我们种植香材料的农民、香农，他们让古老的香原料永远焕发青春，提供着时代芬芳。举例如下：

艾草这一古老而平易近人、颇具保健作用的香草，随需求量不断增加，野生艾草早已不能满足人们需求。国内形成湖北蕲春和河南南阳两大艾草产业集聚区。众多的香农为种好艾草，选择地块，整地、播种、田间管理，直到收割，早出晚归一刻也不懈怠。

我看到过在专家指导下的采艾，虽然没有“彼采艾兮，一日不见，如三岁兮”的诗情，但是他们在阳光下弓着腰身，用手不停地一棵一棵捋艾叶，那艾草的清香一阵阵飘散在田间，就是一场香气的沐浴。遥想这艾草通过他们的手将传遍千家万户为人们的健康护航，香艾的销售又能为自家带来一季收入，香农的心情一定也是香香地蔓延着。

玫瑰这一有色、有香、有文化象征意义的香花，我国作为原产地之一，2000多年前便开始种植和培育，已形成平阴玫瑰、苦水玫瑰、妙峰山玫瑰等几大传统品种，以香型甜美，香气馥郁而著称。我国成立最早的平阴玫瑰研究所已有60多年历史，玫瑰研究专家以当地古老品种重瓣红玫瑰为父本、单瓣红玫瑰及山刺玫为母本，经多年试验，在1983年成功培育出我国目前种植广泛、抗病能力强、花朵丰富、花期较长的优质品种“丰花玫瑰”、“紫枝玫瑰”等，全国各地引种已达到30余万亩。近年来，贵州的山地玫瑰、海南岛的热带玫瑰、东北的高寒玫瑰也在科技工作者的指导下不断发展。

菊花是一种药食两用，自古便被文人雅士赋予风骨的香材。随着中医药发展和园艺观赏需要，农技工作者和科研院所在栽培技术、杂交育种、辐射诱变、组织培养等方面不断探索实践，使菊花品种剧增，功能更多，已形成药用菊花、茶用菊花、观赏菊花等不同类别。笔者曾经在浙江桐乡、湖北麻城、北京延庆、河南南阳等地考察参观不同品种的菊花，分辨其香型和功能，也为这些培育品种的科研专家和当地花农的辛勤付出而深感敬佩。

薰衣草在20世纪50年代才引入我国，但近几年却是已被广泛应用的香草之一，它以绚烂紫气和迷人的香气吸引着人们去种植，去应用。在我国新疆伊犁，光照充足、土质肥沃，气候最适宜薰衣草的生长，经过建设兵团和有关企业几十年的精心栽培，薰衣草在天山脚下伊犁河畔形成种植规模。伊犁哈萨克自治州霍城县已经成为中国薰衣草种植和加工的主要基地，被誉为中国“薰衣草之乡”。收割的季节，一眼望不到边的紫色花海，一垅接一垅随视线延伸到远方，风吹花浪，香气四溢，令人心醉。

沉香这个在唐代就资源匮乏开始人工种植培育的珍贵香材，在当今已经形成相当规模的种植产业。在我国广东沿海、海南岛、广西、云南已经大量地种植沉香树，沉香结香技术经几代人探索也日渐成熟。虽然种植沉香因树龄和结香时间不够，即便是人工伤口天然结香，其药用价值也无法达到纯野生沉香的标准，但对于当代原料香材提供做精油、摆件或和香用材，有些品级高的也可以使用了。如果能做到结香时间十年或几十年以上，为后人造福，将会更好。

在人工合成樟脑之前，我国生产的樟脑占世界总需要量的80%，香料工业多以芳樟作原料。樟树多分布在福建、江西、湖南、云南、贵州等省，为了保护资源，保证樟油连年增产，有些地区已建立人工密植樟树，秋冬季节也可以采摘幼树枝叶生产樟油。

芳香性药材，如香附子、甘松、白芷、郁金等等作为中药材种植、采收、储存、炮制。在道地品种保护，药性保持，优良选育等等方面不断传承和发展着。为医药及香药提供着服务。

种兰植蕙，与香为伍、以香为业，他们的事业是芬芳的。专注于一个行业，培育和种植好每一株香草和每一朵香花，这种付出是带有香气的。值得我们赞许。

艾草种植

香在坊间　濡染生活情调

一种理念引导着一种生活方式，一种生活方式也确立了一种理念。当代爱香的人日渐增多，香事、香品、香活动也在日常生活中处处可见，或许你还没有去观察或者没机会体验，但有那么一些人，已经在自己生活里注入了不可或缺的一缕香，他们可能没有古代士族阶层的儒雅，但能用一种香生活方式使自己沉静下来，以宁静看纷扰，以淡泊看名利，以出世之态做入世之事，以看似恬淡的生活方式明心见性。同时，他们也引领着一个时代的典雅与时尚。

闲适时的香氛

也许有一天，你被朋友约去在一间面积并不大、格调并不奢华的香文化工作室，有中式元素的门、窗或屏风，有古朴的多宝格或木质的置物架，有花几上摆着竹、菊、幽兰。茶桌或香席上正有三五好友看书、喝茶、品香，或手作一些香囊、线香、香牌。坐下来，喝一杯清茶、闻一炉馨香、翻几页闲书，或与好友低语闲聊，或独自发呆。你若跟室主人或客人闲谈，便会发现这空间主人和常客都有了香性：

不去与别人争高下，也不盲目追风或尾随。“人淡如菊”或如一棵香草，有内涵而不贪求众赏。也不与时间争分秒，明白有时候需要放慢脚步，等一等可能还没跟上来的灵魂。在散淡的时光里，梳理自己的羽翼和情绪，也在积蓄着更加丰盈的自己。

再留意你原来曾去过的文化空间，如茶馆、古琴馆、书画馆等，发现已经有香炉、香插、香器具在装点着空间，时时为主、宾点燃出舒心、安心的文化氛围。

你或许在某个节日收到朋友送来的礼品：一盒香品，一串手珠，一个香囊，一套香具，一块香木等。打开礼盒，缕缕香芬迎面，气韵让你欢欣。文雅的说明介绍，让你发现，原来似乎遥不可及的贵族雅玩就这么跨越千年来到你面前，带着诗情画意与嗅觉的享受，去感知生活中的另一种美。

香品

玩乐中的香趣

也许在一个早春的午后，梅花盛开的季节，你赏梅时被一群姑娘的举动吸引：她们笑语盈盈、步履缓缓地走进梅园，一株一株寻找着白梅、一朵一朵地挑选着含苞待放的花朵，轻轻地用红线系着，评论着，指点着，时不时偷笑着哪位手笨系错了花朵，当然忘不了自拍和互拍美照。早春的斜阳映着次第开放的梅花点点，也映衬着采梅花的姑娘们如花的笑颜。

你若询问，她们会告知你是在复刻一款有趣的香方，选梅花入香。这香方叫“梅萼衣香”。内容是这样的：

【梅萼衣香（补）】丁香二钱，零陵香一钱，檀香一钱，舶上茴香五分（微炒），木香五分，甘松一钱半，白芷一钱半，脑、麝各少许。右同剉，候梅花盛开，晴明无风雨，于黄昏前择未开含蕊者，以红线系定，至清晨日未出时，连梅蒂摘下，将前药同拌阴干，以纸裹贮纱囊佩之，旖旎可爱。

香趣

按照古方要求，次日清晨日未出时依然要到梅园，把昨日自己系定的那朵梅花，一朵一朵摘回来。不久，一款“旖旎可爱”的香囊就可以挂在身上了。想必那香囊的香气和情调都是重金难求的。

你还会发现所在的城市，春日的牡丹花、盛夏的玫瑰花开，有人在做“牡丹香”“蔷薇水”；酷暑消夏时在做“乾隆避暑香珠”；中秋在做“木樨香饼”（桂花香）；就连冬日松树上、竹叶上的白雪也要采回做“雪中春信香”……

绿化中的香养

也许你已经注意到，近几年在城市街道旁和街心公园散步时，四季的花草树木，已经不单单是为绿化的美景了，时不时会有缕缕清香向你飘来。

新开的那条街道两旁种的是玉兰树，春日的玉兰花盛开，满树都是，白里透红的花朵迎风摇曳。走在树下，花香悠悠，通透而舒畅，要知道这是通窍养鼻的辛夷在开放，有鼻炎或感冒鼻塞的可多来散步。

道路转弯处那几盆迷迭香已经有几年了，枝条已经长成了老桩。傍晚散步用手拍一拍深绿色的枝叶，香气扑鼻而来，沁人心脾的那种舒服，让你脚步轻快。

街心小公园的茉莉、白兰花、塔松、侧柏等在不同的步道或曲径上等着你，不同的香气欢迎和陪伴着你，让你四季逛公园都有兴致。

这是城市在以香避秽，净化空气。同时也是在提倡香气养生，不同的香步道、香树林、香草园会起到不同的养生作用，让生活在城市里的人们近距离接触香、认识香养生、接触自然疗法。

颐养时的香伴

清晨跑步或练功之前，许多人有喝一杯姜枣香茶的习惯。一部分人在修炼静功，如养气功、吐纳呼吸、站桩功时，已经配合香气环境，收到事半功倍的效果。鼻为清窍，司呼吸，肺开窍于鼻。“得芬芳清阳之气，则恶气除而脾胃安矣”(《神农本草经疏》)，在晨练时，有意识呼吸适应季节又适合自己体质的芬芳之气，更有利于健康。

笔者从2018年开始，在中医气学养生功锻炼的同时，加上闻香环节，在练功空间熏香或佩戴香囊，采取“以香入气，气动香行”的练功法，经多年自我体察和学员课堂实践，都有很好体验，得气更快，体感更通畅，嗅觉更灵敏，精神和意识更加集中或放松。根据季节对应五脏、五行去配香，根据练功者不同体质调理需求配香就更加有收效。全国中医气学研究机构江西中医药大学气功研究所也在“形、气、神合”功法教学中加入闻香调理，已研发助眠香囊、健脾胃香囊等配合相应的功法。

国内有许多瑜伽训练馆，早在几年前就添加了香氛环境，有的还设专馆“芳香瑜伽馆”。让瑜伽的各种体式训练配合香气呼吸，能有效地打通经络，舒筋活血，增强锻炼效果。在瑜伽配合心理调理的场馆和工作室，有经验的瑜伽老师更是离不开香气安抚和解郁除焦虑。一炉馨香成为打开身体和心灵的钥匙，也是治愈的手段。

近几年“五感疗法”或“五感养生”也成为都市人亚健康调理的手段，其中“嗅觉”养生均采用的是“闻香”法，只是有的采用精油，有的采用传统香品。同样希望达到的是：闻香养性，闻香净心，闻香减压，闻香助眠等。而五感中运用好嗅觉这一无形无色无声无味的感官，正是可以调动情感、调节情绪、愉悦心神最快捷的手段。

“香钵疗愈”是心理疗愈和情绪调理中听觉和嗅觉配合的好方法，近年来也被越来越多的人选择。压力过大、焦虑紧张的情绪在闻香和听音乐中会得到缓解和平复，是因为专注这两个感觉器官时，其他器官必须安静下来才能更好地体验。笔者常被邀约去配合“颂钵疗愈”用香，先让每人选择自己喜欢的香品，或通过交流、颂钵检查身体和心理状况，然后按照身体需要给他们选香。通过自己动手打香篆，静心、安神。通过嗅觉品香，安抚身心。闻香20分钟或半个小时后，带着安静的身心走进颂钵空间，享受钵音、锣声、海浪声、雨声、果壳铃声等有序音律，通过听觉对身心清理、放松、疗愈。此时，嗅觉闻自然之香，耳畔有自然之音，身心也与大自然融为一体，或轻轻地飘逸，或深深地睡去，是自然疗愈，也是美妙享受。

香钵疗愈

综上所述，当代的香生活就在身边。你若留意，会发现更多，享用更广。香气无私，无论你闻与不闻，它就在那里。香文化有情结，你关注越多，它越会融入你的生活，让你生活有香有滋味，也会融入你的灵魂，滋养你成为灵魂有香的人。

香在百业　赋能行业人才

当一种文化现象重新被时代认识，当一种事物越来越被时代接受，它就会迅速在社会各个领域渗透并产生影响。香文化以及香应用也是一样，在重新焕发活力的近十几年里，以迅速发展的状态被人们接受着，也以它独具的魅力影响着各行业。

企业高管用香减压

初夏的某一天，北京某高科技园区管理中心多功能教室里，有一场特殊的培训课程进行中。课堂下坐的是园区各大IT企业的高管30余人，他们的面前课桌上没有书籍、纸、笔，更没有电脑、笔记本，一人一套“炉瓶三事”香具套组及香品。讲堂前是一个古朴的铜质博山炉熏燃出缕缕馨香，飘散在教室的空间里。

正有老师在用PPT投影讲着“中国传统香文化及其减压启智”，老师缓缓的讲述在舒缓的古琴音乐背景下传颂着，教室里的芬芳萦绕在每个高管的鼻端，想必这一刻就是最好的减压。这一次沉浸式用香减压体验课，将在人人动手的古法用香实操中体验用香过程之美，体验减压解郁香及启智闻思香的香气作用。

这已经是该园区定制的系列香文化课的第8节课了，持续两年，每个季度一次。对园区内企业高管赋能，减压。他们从树立传统文化自信到香应用学习，每次理论加实操，让高管们自己减压的同时，带回企业给员工减压或情绪疏导。其中“香与修心”活动让女员工做香囊、做香珠、手作线香等经常进行，在做香活动中放松身心，积蓄力量。

这样的企业定制赋能课，在全国并非一处，并非一家。

笔者曾受邀讲“传统香文化及其应用”课，让这些中高层管理者通过课堂闻香识香，感知香的降躁、静心作用，通过识香、和香启发在管理中的识人善任，通过学习打篆香去平复焦虑，缓解因紧张工作造成的失眠。

课程每期四天8课时，当我看那些平日里肩负重任、日理万机的高管们，能全身心在课堂上听讲、识香、和香、打香篆、分享心得时，我深深为传统香能为他们减压、赋能、助力而欣慰。当我看到这些高管们，在舒缓的古琴乐中，缓缓地打篆香，安静地品香，甚至有人禁不住眼眶湿润的时候，我知道他们在香中收获了很多。

据悉，有些企业在茶室、书房或多功能会议室，都配上了传统香具香品，缕缕馨香正为企业人才添香助力！

集体打篆香

软装行业添香赋能

有这样一个群体，当你新房装修或内饰采买时会想到他们，当你不知道一个新家怎样更契合自己的风格，更舒适有格调时，你会想到他们。他们是软装人——设计师和材料供应者。看似与香文化及应用毫不相关的行业，该行业某教育机构已经在2015年开始用香为行业赋能了。

首先是软装教育的机构领导亲自来学习传统香文化历史、香料知识、香器具知识、生活用香等，然后就引进课程，把香文化及应用作为软装行业教学的一部分，奉为"软装人的软装"。把它当做提升软装人文化自信、拓展文化素养以及丰富软装设计内涵、感知空间格调的必修课。

于是，这群先知先觉的软装人了解了历史上把香应用在建筑和装饰中的史实，如沉香亭、披香殿、檀香阁用香木结构及作用，如椒房殿、樟木箱、艾草褥的养生。把它借鉴于建筑或室内设计中、应用在产品销售上，极大提高经济效益。

于是，懂得了用香氛提升五感空间格调。用不同风格的装修满足客户个性需求，通过视、听、嗅、触、表达五感造势。把中国香给人典雅与幽静之美，作为空间能量提升的最佳元素。例如：豪华风格用贵气的荣华香氛营造；浪漫风格用怡情的香氛营造；纯净格调用清纯的香氛营造等等，用中国香悠悠的香韵营造出不同格调的氛围感。

于是，知晓了用香营造与客户交流的和乐氛围。一炉香，一杯茶，让客户坐下来，静下来听设计师和销售者展示自己的意图，让香气制造轻松愉悦的环境，让客户敞开心扉交流而达成协议。

于是，学会了用香发声拓展客户。如做香囊、做香珠、品香会、抄香诗，应不同季节举办香养生活动，与自己的设计理念和产品特点相结合，聚人气，增加影响力。

于是，明白了用香清理场域为空间和自己造福。传统香的驱邪避秽、通灵清理功能对软装从业者的客户与自己都有很大用途。给客户的空间清理和祈福，为自己接触的人、事、物建立安全和充满福运的大环境，敬畏万物，方能致胜。

品香

当然也用香为软装人自己减压祛躁养生。在这个容易内卷和同质化竞争的行业，从业者焦虑和压力很大，用香减压、祛躁、助眠，修心养性保健自己，才能更好地从业和创造利润。

酒店行业的香氛新方向

人在差旅中，会遇到一些酒店让你一进门就熏得打喷嚏，那劣质的香氛或消毒水气味让你厌恶。大部分酒店还在因为必须有香氛但又不知使用什么香氛最好而犯难。

不少民宿和特色酒店已经在用天然香氛洁净空间了，这些酒店一进门就会给你清新感，让你嗅觉舒服，心情舒畅。

记得2020年初曾住过苏州一家古民宿，老式的两进院落原本就给人一种古朴典雅的肃静感，厅堂阁楼有檀香熏出的香气更让人舒适而温暖，似乎觉得这老式木结构建筑的房子应该有传统香的气息。果然，客堂有香炉馨香袅袅，楼梯、走廊有偶尔点缀的香包，随手取下闻出淡淡的艾草、紫苏、白芷、藿香气，尤其在疫情初期，让人倍感安全。沐浴清洁用品也是天然植物萃取乳液和精油皂，香氛淡雅。尤其是曾不慎淋雨，店主送上的一壶姜枣紫苏茶，畅饮后发汗祛湿舒爽，让我至今怀念和感激。

还多次住过广西玉林的“香文化主题酒店”，更是让人怀念它的香氛环境。

记得几年前第一次入住时，大堂迎宾的吧台上有香炉熏着悠悠的草木香，左边“雅香空间”里正琴声悠扬，几位客人悠闲地品茗、闻香、赏插花，办入住后获赠的两支沉香线香陪我走进卧室、助我安睡。

第二天在大堂逗留，见右侧有“寻香案”和“采香图”，导引着了解世界沉香产区分布和玉林沉香历史。步行在楼层参观，发现每层走廊墙壁都挂沉香原材嵌入式匾框，详细标明着这块香的产区、气韵和品级，走廊条几上摆着插花、香包、香具。九楼还有听香阁、书香苑、禅修间，房间均配置有香插、赠送沉香线香，就连沐浴露也是含沉香精油的定制款。所有居住客人每晚都可以在一楼“雅香空间”免费听古筝演奏、喝茶、赏香、品香、聊天会友。

这样的酒店环境，让旅途疲惫的你一见就倾心，一闻就难忘。“在一城，闻一香，静一宿”，是酒店手册封面标语，也正是所有客人的享受！在自然香氛中，解除劳顿、放松身心、安然熟睡、焕发精神，享受：旅途安好、岁月静美。

近年来，各大茶产区的茶香民宿也是自然茶香、茶境与香气融合的旅居空间，很受茶人喜欢。各大天然风光景区也有不同风格的香氛酒店，或个性化香气空间。如：增加浪漫用玫瑰香气；协助睡眠用沉香、薰衣草；解郁除焦虑用柠檬香气；贵气洒脱用檀香等等。适合客人嗅觉选择，链接入住者所需情感，这是一种高级而有记忆的选择。

香文化主题酒店

综上所述，只是列举几个笔者熟知或指导过的行业，当今还有众多的行业正在默默地融入传统香文化，应用中国传统香为自己和行业添香赋能。

香在传播　国香飘扬四海

中国香文化及香应用，用博大精深来描述是毫不夸张。自古至今，中国香的人文精神、香药同源的养生功能、使用过程的仪式感和艺术性、众多香器具的配套使用等，都让世人瞩目兴叹，所以，中国香从来就不缺乏传播的力量。

香文化史上，随着汉代丝绸之路之后我国香料的不断丰富，香材品质的不断提高，和香的产生以及熏香的出现让用香也逐渐精细化、规范化。到了隋唐时期，国力的强盛和对外交往的加深，国外来中国学习汉文化、中医药、书画、音律的也日益增多，其中来自韩国和日本的“遣隋使”“遣唐使”是主要来源。香文化及用香方法也随之开始传播到日本和韩国。日本正仓院展示有遣隋使和遣唐使带回大量的中国文物和文献典籍，如礼器、佛具、乐器、药品、佛经等。唐代的鉴真东渡日本，带去大量香料、香药，传播佛法同时也传播了中国香、中国茶、中国插花等。

在当代，香文化再次在国内兴盛，那些肩负使命的传承者与传播者，在积极做好国内传承教育和香应用研发的同时，也在努力做着中国香文化对国际的传播。

香传日本　笔者从2014年起就不断带领团队或随团到国际上进行香文化交流与传播。在交流与传播中，一次次为中国香文化的影响力和感召力而骄傲，为祖国的优秀文化而自豪。

记得第一次跟随北京大学滕军教授团队赴日交流时，在京都某日本香道传承中心，当滕军老师介绍我是中国香学研究者时，日本香道友人恭敬地接过我的著作《品香鉴香用香图鉴》，并说：我知道中国香是主要用来养生的，我很喜欢。我和滕老师很高兴地向他们介绍了中国传统香文化及香应用。

每次带团赴日参观日本香道馆或香品店，都会听到他们在讲日本香道发展史时着重提及从唐、宋时期学习回本国的和香方法及篆香、隔火香用法，赞扬中国香文化的博大。

2023年应邀随中国文化促进会赴日做文化交流，四十余人的团队，在中国文化中心开“中日香会”并展示中国香养生、香艺、香产品，在东京大学山上会馆参加“首届中日香文化论坛”，与中国香文化界专家、教授一起传播我国香文化研究现状和发展前景，受到日本文化界、学术界的充分肯定和赞叹。

香传东南亚 也曾多次带团到新加坡、马来西亚寻香并传播中国香文化。为东南亚华裔对中国香文化的喜爱和深厚感情而感动。

记得一次在新加坡某国际学校交流，当我们团友在讲台上展示祈福香艺时，台下所有华裔同胞全体起立，双手合十，带动全场齐声诵读：祈香和天下！众生平安！

记得在马六甲海峡附近的沉香园，园主从树上砍下生结沉香给我们讲沉香用途时，竟是翻看着《中华人民共和国药典》给我们一一讲解沉香的药用价值。

记得在马来西亚植物多样性研究所、在马来西亚胡椒局董事庄园，受到热情的接待，研究所的领导和员工认真聆听我们讲述中国香中使用的芳香植物，品闻我们添加有东南亚植物香料的篆香气韵。在原住民胡椒局董事（Dr Elli Luhat）董塔艾力博士庄园听他讲“灰胡椒”研发，燃中国香、跳土著舞，那热情的土吉他和树虫披萨让团友们至今记忆犹新。

香传中东 应邀到中东阿拉伯联合酋长国做香文化交流，是专程到迪拜扎耶德大学和阿布扎比亚斯学校（Yas school）传播香文化的。在扎耶德大学有来自全球的大学生观看我们在舞台上展示中国香艺，孔子学院的院长做同声翻译，赢得台下阵阵掌声。在阿布扎比亚斯学校（Yas school）展示中国香艺、茶艺、舞剑，开场时全校师生高唱中国国歌隆重开幕。我们团员们热泪盈眶地大声高歌，那一刻的骄傲和自豪无与伦比。

香传欧美 德国的化妆品杂志记者Mel Grafe由中国化妆品杂志主编刘丽老师引荐专程到北京采访“中国香应用与化妆品”，并在《德国化妆品》杂志

（2017.9）刊登《Die chinesische Duftlehre - ein ganzheitliches Erlebnis》（《来自中国的香道文化》），文章系统介绍中国香文化以及传统香与化妆品的关系。

德国社会作家Simong Harre两次来访并亲自体验中国传统香用法，回国后写进《China wer bist du》一书，从她的视角介绍了中国传统香文化。

在美国纽约郊外一个芳香庄园门口，至今还挂着“翰方.唯爱德女主人纽约香学基地”的牌子，是因为庄园主Vida作为美籍华人，早已多次与翰方香学合作，把中国香文化与香养生传播到美国，并联合建立有中国特色香草园及香养生基地。

这些国际传播的事例，只是我作为众多香文化传播者其中一员的有限事例，还有更多的当代中国香文化人在用更多的机会向国际传播着中国香文化、香产品、香精神。例如每年一度的“中国外交官之夜”的舞台上，都会有“中国香文化”展示，有品中国香环节。北京接待APEC会议嘉宾常在钓鱼台国宾馆闻香品茗。

中国香崇尚和香，以千香、百香和合而得。和天地精华，和万物神韵，和家国情怀，中国香文化的根基是“和”，中国香的精神是“和”。以香传播民族文化的精髓，以香弘扬民族优秀品德，以香祈愿世界和平。

一和天下香！

后记

香着

本书在立春之日动笔，到立秋之日截稿。

如同一株香草，在春风里萌芽，在夏日里蓬勃，到了秋日就要把成熟的香叶和香果分享。

在料峭的初春拟定主题、谋划篇章，在春节的鞭炮声里辞别家人，远到南海之滨的湛江闭关修文，奋笔10天，奠定基本文脉。此后在工作的休息日，在出差旅途中，在车船和飞机上，在开会的间隙里，都是在围绕内容组材、查阅、敲键盘。有时候思维敏捷，十多年香学积累飞奔键盘，让我迅速提炼成篇；有时候百思不得其真谛，左右难逢其本源，桌上“篆香烧尽一盘花”，屏幕上还难以完成一段文。好在有香心、香性修持，能处忙而不乱，处乱而心净，再潜心查阅典籍，再借身边“灵芬一点”，便通达思绪，又下笔有神。

二稿修定时，正和团队好友在青海省黄南藏族自治州同仁市避暑休假。这个拥有美丽草原、金色河谷（隆务河）及深厚民族文化艺术底蕴的宝地，恰逢一年一度的民俗节日——“热贡六月会”，是在隆务河一带藏族和土族特有的大型祭祀表演活动，是传承一千四百多年的非物质文化遗产，以点燃香火（煨桑）请神、娱神、送神为内容，表达五谷丰登的喜悦和对风调雨顺的期盼。身着民族盛装的十六岁至五十岁以下男子和年轻未婚的少女在巨大的煨桑香火堆边有秩序地跳着“拉什则”（神舞）、“勒什则”（龙舞）和“莫合则”（军舞），在鼓声振奋和幡旗引领中，舞蹈时而热烈奔放，时而虔诚肃穆。香火堆在不断添加松柏枝、青稞面、白酒以及香草扎成的牛、羊，成为一个燃烧的小山包，香烟盘旋上升，直达天空，香气四散，笼罩着整个村庄。这是一种烟祭方式，这让我再一次看到古老的用香方式是怎样承载着祈愿、承载着喜悦、承载着神圣与美好。而这个在热贡唐卡艺术发源和传承地之一）举行的盛会上的舞者大多是唐卡艺术的画师、画家、传承人，他们平日里用纯天然的矿物（朱砂、雄黄）、香药（藏红花、野菊花、黄连、大黄等）作颜料，用自己的辛劳和智慧，一笔又一笔绘制着文化和民俗，把古老和崭新的艺术分享给这个时代。

神圣的香文化在这里持续地传承着，香应用也在这个地区自然地发展着，是当代现实中的标本，也正是对我书稿最好的注脚，给了我一个芬芳浓郁的尾声。让我们知道，在文字之外，在全国甚至全球，香在那里永续不断，薪火相传。

要感谢在编著过程中给予我支持和帮助的业界专家学者及老师们!

因他们提供咨询、修正数据、链接知识，才使本书的内容更丰富和翔实。该书当代芳香植物培育与提香技术部分内容，得到中国植物多样化中国经济林协会芳香植物分会常务副会长黄丛林研究员、山东平阴玫瑰研究所副所长、农业技术推广孟宪水研究员、江汉大学蒋细旺教授、江西中医药大学黄小英副教授、韶关学院王羽梅教授、贵州科学院植物园周洪英研究员、洛阳市林业局牡丹办主任（现四级调研员）张蓉辉等专业咨询，为著作内容添香添彩。该书中涉及中国茶、花艺、古琴部分又得到业内资深人士审稿勘误，如“小茶理”品牌创始及主理人林乃敏老师、著名花艺师《中国插花简史》作者孙可老师等提供专业知识。书中还使用了广西玉林“香三月香文化主题酒店”提供沉香品鉴资料；舍然（北京）艺术设计顾问有限公司提供的空间陈列资料；北京“白老师美学体验馆”提供联合试验资料；洛阳“紫薇书院”提供香钵疗愈资料等。更有我北京和洛阳的团队成员宋冰莉老师、陈英老师、许旭老师等的努力以及我的家人们无微不至的关爱和支持。在此一并致以真诚的谢意！送上香的祝福和祈愿!

特别感谢江西中医药大学原副校长、中医香疗研究院院长及首席专家杨明教授，能在百忙中及时通读书稿，给予指正与评价，倾心为该书作序。

搁笔之时，我多么希望我的读者们：

能循着我字里行间的香气，找到你所需要的那一缕清芬，一份闲情，一段生活的美。

而后，让香安驻身心，乐享当下。

让生活不疾不徐、有滋有味地——

香着，香着。